지금 가장 맛있는

# 365일 제철 레시피 일력

제철음식연구소
지음

건강하게 차려 내는
사계절 제철 집밥

포르체

지금 가장 맛있는
365일 제철 레시피 일력

초판 1쇄 발행 2024년 12월 11일

지은이 제철음식연구소
펴낸이 박영미
펴낸곳 포르체

기획·책임편집 김아현
마케팅 정은주 민재영
디자인 황규성

출판신고 2020년 7월 20일 제2020-000103호
전화 02-6083-0128 | 팩스 02-6008-0126
이메일 porchetogo@gmail.com
포스트 https://m.post.naver.com/porche_book
인스타그램 www.instagram.com/porche_book


ISBN 979-11-93584-86-6 (12590)



---

여러분의 소중한 원고를 보내주세요.
porchetogo@gmail.com

지은이

## 제철음식연구소

인스타그램, 유튜브를 통해 수많은 구독자 분과 제철 레시피, 식재료 이야기로 소통하고 있습니다. 집에서 따라하기 쉽게끔, 최대한 간단한 레시피를 알려드리고 있어요. 지금 가장 맛있는 제철 식재료를 찾아 소개하고 판매하는 일도 하고 있습니다.

어릴 적 주말마다 시골에서 농사를 짓는 할아버지를 도와드렸던 기억이 선명해요. 온 가족이 밭일을 할 때 저는 엄마와 식사를 준비했죠. 봄이면 산에서 봄나물을 따와 조물조물 무쳤어요. 대접에 고추장 듬뿍 넣고 비빔밥을 비벼 다같이 둘러앉아 먹었죠. 여름이면 수박밭에 가서 가장 맛있는 수박을 골라 계곡물에 담가 놓았고요. 가을에 쌀을 추수할 때면 옆 산으로 밤을 주우러 다니고 앞마당에 있는 감을 땄습니다. 겨울이면 아궁이에 불을 잔뜩 땐 후 군고구마를 만들어 먹었어요. 장독대에 묻어 두었던 김치를 꺼내 와 함께 먹으면 그렇게 맛있었습니다.

회색빛 도시에서 바쁘게 살면서도 계절감이 드러나는 찰나의 순간들이 갈증이 났어요. 그래서 제철음식연구소를 시작하게 되었습니다. 지금 가장 맛있는 제철 음식이 주는 행복을 더 많은 분과 함께하고 싶습니다.

@__season365__

@제철음식연구소

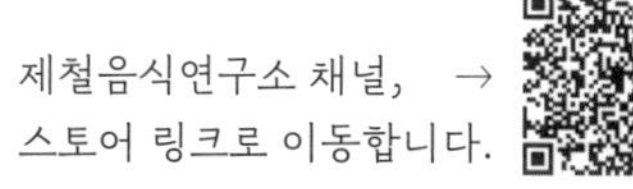

올 한해, 나를 위한 제철 밥상 잘 챙겨 드셨나요?
바쁜 일상을 보내다 보면 365일이 금방 지나가 버리죠.

내년에는 계절의 미세한 변화를
더 잘게 쪼개 가며 만끽하는 건 어떨까요?
《지금 가장 맛있는 365일 제철 레시피 일력》이 함께 하겠습니다.

프롤로그

# 계절이 담긴 따뜻한 한 끼

기술이 발전하면서 계절 구분 없이 먹을 수 있는 음식이 많아졌습니다. 그렇지만 우리의 인연에도 때가 있듯, 음식에도 알맞은 때가 있습니다. 오늘은 어떤 음식과 만났나요? 혹시 인스턴트로 한 끼를 대충 때운 건 아닌가요?

하루에 한 번은 나를 위해 따뜻한 한 끼를 차려 보세요. 요란하게 뭘 더 하지 않아도 제철 식재료만으로도 충분합니다. 숨을 크게 들이마시고, 바람을 느끼며 주변을 둘러보세요. 늘 걷던 가로수길 아래의 공기 냄새가 계절에 따라 변하는 걸 알아차릴 수 있을 거예요.

지난 2년간 유튜브에서 3천만 누적 조회 수를 달성한 레시피들, 인스타그램에서 수백만 명이 본 레시피를 이 일력 한 권에 꾹꾹 눌러 담았습니다. 손이 닿는 곳에 올려 두고 쉽게 꺼내 보길 바라는 마음으로 만들었어요.

새싹이 고개를 내미는 봄, 쏟아지는 햇빛에 나무들이 푸르게 자라나는 여름, 드높은 하늘 아래 알알이 결실을 맺는 가을, 한숨 고르고 또 살아낼 힘을 충전하는 겨울. 사계절과 함께 건강한 제철 집밥을 차려 봅시다.

2024년 12월

제철음식연구소

# 31



## 다시 찾아올 제철을 기다리며

네 번의 계절, 열두 달의 제철, 365일 하루하루의 날씨가 지나갔네요. 올해는 나에게 어떤 의미로 남았나? 나는 나를 위해서 어떤 일을 했나? 한 해를 마무리하며 이런저런 생각에 잠겨 일기를 끄적여요.

우리가 먹는 농산물은 날씨의 영향을 많이 받아요. 작년보다 배로 공들여 농사를 지어도, 정작 그해 날씨가 도와주지 않으면 맛도 수확량도 떨어지죠. 그렇다고 해도 농부님들은 손 놓고 기도만 하지 않습니다. 바람이 분다고 하면 하루종일 바람막이를 설치하고, 비가 한참 내리지 않으면 열심히 농작물들에게 물을 줍니다.

내일의 해가 얼마나 뜨거울지, 모레의 비바람이 얼마나 거셀지 모르지만 지금 할 수 있는 최선을 다하는 것, 그것이 우리 인생에도 적용할 수 있는 부분이라 생각해요. 지금 가장 맛있는 제철 음식을 잘 챙겨 먹으며 최선을 다해 나를 돌보고 또 힘을 내서 살아 봐요. 올해도 고생 많으셨어요.

# 《지금 가장 맛있는 365일 제철 레시피 일력》을 소개합니다!

### 제철 식재료

이달의 제철 식재료 소개, 좋은 식재료 고르는 법, 건강 정보 등을 소개합니다.

### 제철 레시피

제철 식재료로 이달에 가장 맛있게 먹을 수 있는 레시피를 소개합니다.

### 집밥 레시피

1년 내내 먹을 수 있는 간단한 레시피를 담았습니다.

### 살림 이야기

채소 보관법, 조미료 활용법 등 일상에 도움이 되는 부엌 살림 이야기입니다.

### 계절 이야기

계절에 대한 소소한 이야기, 이달에 즐길 수 있는 지역 축제 등을 소개합니다.

일러두기

- 본 일력의 맞춤법은 현행 규정과 국립국어원의 《표준국어대사전》을 따랐습니다. 단, 일부 말맛을 살리기 위해 표준 한글 맞춤법과 다르게 표기한 부분이 있습니다.
- 제철음식연구소의 인스타그램이나 유튜브를 참고하면 레시피를 영상으로 살펴보실 수 있습니다.

# 딸기

딸기는 원래 5~6월이 제철인 과일입니다. 그러나 연말 시즌 수요와 기술 발전으로 인해 이제는 겨울을 대표하는 과일이 되었어요. 겨울에 나오는 딸기의 품종도 다양합니다. 내가 좋아하는 취향의 품종을 알게 되면 과일 구매 실패를 줄일 수 있죠. 여러 가지를 경험하다 보면 나만의 기준이 생겨요. 제철을 깊이 느끼면 더 많은 것들이 보이고, 나의 취향도 깊어집니다.

* 설향: 호불호 없이 좋아하는 딸기 맛으로 풍부한 과즙이 특징.
* 비타베리: 새콤한 맛과 단맛의 밸런스가 좋음.
* 싼타: 딸기 향이 가장 진함.
* 금실: 단단한 과육으로 씹는 맛이 있음.

# 1월

# 29



## 양배추 당근 라페

라페는 프랑스어의 '채 썰다' '갈다'라는 단어에서 유래했다고 합니다. 상큼한 양배추 당근 라페는 샌드위치에 넣어 먹거나 샐러드에 토핑으로 올려도 좋아요. 피클처럼 먹어도 되고요. 냉장고에 3~5일 정도 보관 가능하니, 만들어 두고 간편하게 꺼내 드세요.

레시피

① 잘 씻은 당근 1개를 껍질까지 함께 채 썰어 주세요. 당근과 같은 양의 양배추도 채 썰어 준비합니다.
② 소금 1t를 넣고 당근과 양배추의 숨이 살짝 죽을 때까지 20분 정도 절입니다.
③ 절인 당근과 양배추의 물기를 짜 주세요.
④ 올리브오일 3T, 메이플시럽 1T, 홀그레인 머스터드 1T, 레몬즙 1T, 소금 약간, 후추 톡톡 넣어 잘 버무리면 완성입니다.

## 맛으로 느끼는 계절

봄이면 냉이를 넣고 보글보글 끓여 낸 된장찌개, 여름에 한입 베어 문 복숭아의 달콤한 맛, 가을 햅쌀로 갓 지은 밥의 향과 윤기, 겨울 시금치 뿌리에서 오는 달큰한 맛은 계절이 주는 행복감 그 자체죠. 시간이 흘러가 버리는 아쉬움보다는 또 다른 계절이 온다는 설렘으로 충만한 1월 1일입니다. 올해도 지금 가장 맛있는 제철 음식을 만끽하자는 마음으로 새해를 맞이해요. 제철 음식이야말로 계절을 최대한의 면적으로 훑으며 즐길 수 있는 쉬운 수단이죠. 계절을 만끽하며 마주하는 행복을 이 일력과 함께 나누어 보아요.

# 28



## 양배추

겨울부터 봄까지 제철을 맞는 양배추. 겨울 양배추는 특히 당도가 높아요. 속이 꽉 차고 단단해서 익혀 먹으면 좋습니다. 봄 양배추는 부드럽고 수분이 많아 생으로 먹어요. 제주도에서는 고깔 모양의 양배추, 아주 작은 미니 방울 양배추도 나오죠. 고깔 양배추는 껍질이 얇아 샐러드용으로 좋고, 방울 양배추는 영양소가 풍부합니다. 일반 양배추에 비해 항암에 도움을 주는 설포라판이 두 배 정도 더 함유되어 있다고 해요. 양배추 롤, 양배추 쌈밥 등 다양한 양배추 요리로 겨울철 건강을 챙겨 보세요.

# 2



## 매생이

매생이? 메생이? 매생이는 맞춤법만큼이나 채취하기가 어려운 귀한 겨울 별미입니다. 과거에 매생이가 가진 위상은 이렇지 않았어요. 굴이나 김을 양식하는 데 방해가 됐거든요. 하지만 요즘은 제철에 찾아 먹는 사람이 많아지는 추세입니다. 매생이에는 알긴산이라는 미끈거리는 점액 성분이 있는데, 콜레스테롤을 낮추고 혈관 건강에 도움을 준다고 해요. 저는 매생이 굴 떡국으로 1월을 시작합니다. 매생이는 3월까지가 제철이에요. 날이 따뜻해지면 억세지고 맛이 없으니 1월에 꼭 드셔 보세요.

# 차돌박이 된장찌개

고깃집에서 주는 진하고 깊은 맛의 차돌박이 된장찌개. 집에서도 그 맛을 즐겨 보세요.

레시피

① 차돌박이 100g과 굵게 채 썬 무 200g, 먹기 좋게 썬 파, 애호박, 청양고추를 준비해 주세요.
② 냄비에 차돌박이와 무를 넣고 중약불로 볶습니다. 고기가 익고 무가 투명하게 변하면 된장 3T, 고추장 1T를 넣고 1분 정도 볶아 주세요.
③ 냄비에 쌀뜨물 500ml와 다진 마늘 1t, 고춧가루 2t를 넣어 끓입니다.
④ 바글바글 끓으면 준비한 야채를 넣습니다. 야채가 익으면 마지막으로 두부를 넣고, 1분 더 끓이면 완성입니다.

# 매생이 굴 떡국

남편은 매생이도 싫어하고 굴도 싫어하는 어린이 입맛인데, 이건 마지막 국물 한 방울까지 다 먹더라고요. 포인트는 참기름 넣고 굴을 먼저 볶는 거예요. 국물이 진국이랍니다.

레시피

① 참기름 1T를 넣고 중약불에 굴 200g을 볶습니다. 볶아진 굴은 그릇에 따로 빼 주세요.
② 매생이 120g도 살짝 볶은 뒤 따로 빼 둡니다.
③ 냄비에 물 700ml와 다시마를 넣고 끓이다가, 물이 끓으면 다시마는 빼고 떡국 떡을 넣습니다.
④ 떡이 다 익으면 볶은 매생이와 국간장 1T, 다진 마늘 1t를 넣고 한소끔만 끓여 주세요. 오래 끓이면 매생이가 녹아 없어져요.
⑤ 마지막으로 굴을 넣고 참치액으로 간해 마무리합니다.

# 브로콜리

슈퍼푸드로 손꼽히는 브로콜리. 월동 채소로 지금 많이 나옵니다. 항산화 작용, 암 예방, 콜레스테롤 감소 등 효능이 많아요. 데치면 항산화 작용을 하는 성분이 사라지기 때문에 쪄서 먹는 것이 좋습니다.

꽃봉오리가 빽빽한 브로콜리는 원 상태로는 세척하기가 어렵습니다. 작게 한 송이씩 잘라서 식초나 소금물에 담그고, 잠길 수 있게 약 5분간 그릇으로 덮어 두세요. 꺼낸 뒤에는 흐르는 물에 여러 번 헹궈 줍니다. 브로콜리를 싫어하는 아이들에게 먹일 때는 데친 후 잘게 다져서 유부초밥에 넣어 주세요. 볶음밥이나 전에 넣어도 좋습니다.

## 계량스푼 이야기

레시피를 잘 따라한 것 같은데, 생각보다 맛이 없어서 당황한 적 있으신가요? 범인은 모호한 '한 큰술'의 기준일 수 있습니다. 계량 스푼으로 1T(테이블스푼)는 15ml, 1t(티스푼)는 5ml입니다. 그런데 한 큰술이라면서 누구는 밥숟가락으로, 누구는 계량 스푼으로 하죠. 그런데 밥숟가락으로 한 큰술을 계량하게 되면 숟가락 크기에 따라 5~9ml까지 차이가 큽니다. 어떤 집에서는 밥숟가락으로 3번 뜨는 양이 테이블스푼 1번 뜨는 양과 같을 수 있는 것이죠. 양념의 양이 차이 나기 때문에 간이 안 맞을 수밖에 없습니다. 요리가 어렵다면 계량 스푼으로 정확하게 계량해서 만들어 보세요. 계량만 잘해도 맛있는 레시피에 한 발 더 다가갈 수 있습니다.

팁! 계량 스푼을 쓰신다면 액체는 스푼을 수평으로 들고 표면을 찰랑찰랑하게 맞춰 주세요. 설탕, 고춧가루 같은 고체는 젓가락으로 윗부분을 평평하게 깎아서 사용하시면 됩니다.

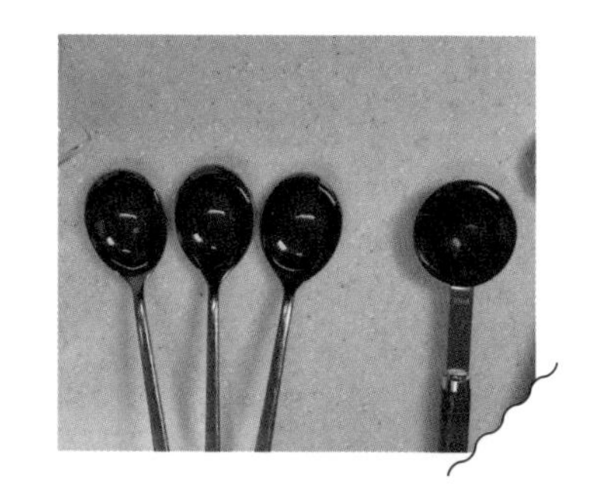

# 25



## 국그릇 케이크

빵집에서 사 온 카스테라 하나, 생크림, 좋아하는 과일 이렇게 세 가지만 있으면 오븐 없이도 실패 없이 수제 케이크를 만들 수 있어요. 원하는 대로 데코를 더 해도 좋아요.

레시피

① 카스테라를 얇게 잘라 준비합니다. 준비한 과일의 절반은 슬라이스하고, 나머지 절반은 작은 크기로 다져 주세요.
② 안쪽을 랩으로 감싼 오목한 그릇 바닥에 과일을 예쁘게 넣고 생크림을 잘 덮습니다. 그 위에 카스테라를 얹어 주세요. 과일-생크림-카스테라 순으로 작업을 반복합니다. 마지막은 카스테라로 마무리하고 랩으로 감싸 줍니다.
③ 냉장고에 넣어서 1시간 정도 굳힙니다.
④ 랩을 제거하고 평평한 접시에 엎어 주면 완성입니다.

# 매콤 굴 덮밥

찬 바람이 세게 불 때면 따뜻한 무밥 만들어 드세요. 거기에 매콤한 굴 양념 올려 먹으면 겨울철 입맛이 살아납니다.

레시피

① 평상시 밥하는 것보다 물을 살짝 적게 넣고, 채 썬 무를 취향껏 올려 무밥을 합니다.
② 기름 3T에 채 썬 대파와 양파를 넣고 볶으며 기름을 냅니다.
③ 향이 밴 기름에 다진 마늘 1t, 고춧가루 2T를 넣고 약불로 볶다가 간장 2T, 굴소스 2T, 맛술 1T, 다시마 물 50ml와 굴 300g을 넣고 졸입니다.
④ 굴이 익고 양념이 적당히 졸면 양념 완성입니다.
⑤ 밥 위에 매콤한 굴 양념 올려 덮밥으로 맛있게 비벼 드세요.

# 24



## 가리비 오븐 구이

크리스마스 이브 저녁, 와인 안주로 아주 근사한 가리비 요리예요. 가리비는 토마토 소스 넣고 치즈 올려서 먹어도 좋지만, 오븐 구이로 먹어도 맛있답니다. 오늘 밤은 가족과 함께 맛있는 음식을 먹으며 행복한 시간 보내세요.

레시피

① 가리비는 소금물에 넣고 1시간 정도 해감합니다.
② 해감한 가리비의 한쪽 껍질을 제거해 주세요.
③ 가리비 위에 마늘 슬라이스 1개, 다진 양파 조금을 올리고 가염 버터 혹은 마요네즈를 얹습니다. 마지막으로 빵가루를 뿌려 주세요.
④ 오븐에 넣고 180도에 10분 정도 구우면 완성입니다.

# 6



## 시금치

시금치가 달큰해져 너무 맛있는 계절, 바로 겨울입니다. 겨울 시금치는 자라는 지역에 따라 포항초, 남해초, 섬초(비금도) 등의 이름으로 불려요. 시금치는 길이가 짧고 바닥에 붙어 퍼지는 모양을 가지고 있어요. 여름 시금치는 싱겁고 맛이 떨어져요. 겨울 시금치가 훨씬 달큰하답니다. 겨우내 추위와 바람에 맞서 싸우며 힘을 키워서겠죠. 시금치는 엽산, 철분이 풍부해 영양가가 높으며 질기지 않고 맛있으니 뿌리까지 꼭 드세요! 내일은 시금치무침 알려 드릴게요.

# 전복조림

가족 행사, 홈 파티 등 모임이 많은 연말. 오늘은 어떤 요리를 해야 하나 고민될 때 전복조림을 만들어 보세요. 간단한 양념 하나만으로 고급스러운 전복조림을 만들 수 있습니다.

레시피

① 전복 200g은 내장을 제거하고 통으로 사용합니다. 양념이 잘 밸 수 있게 칼집을 내 주세요.
② 냄비에 기름 1T, 마늘 10알, 은행 5알을 넣고 약불로 볶아 주세요.
③ 다시마 우린 물 50ml, 설탕 0.5t, 꿀 1t, 간장 2t, 미림 2t를 넣고 끓입니다. 건고추 1개도 잘라서 넣어 주세요.
④ 불을 강불로 바꾸고 준비한 전복을 넣습니다. 강불로 국물이 자작해질 때까지 졸여 주세요.

# 7



## 시금치무침

시금치무침에는 마늘을 넣지 마세요. 이렇게 만들면 겨울 최고의 반찬이 될 거예요. 겨울 시금치의 달큰한 맛을 살린 레시피입니다.

레시피

① 시금치 250g은 뿌리꼭지만 살짝 잘라 내고, 흙이 묻은 부분을 살살 긁어서 제거합니다. 십자 모양으로 칼집을 내고, 4등분으로 갈라 흐르는 물에 잘 씻어 주세요.

② 끓는 물에 소금과 시금치를 넣고 3~40초 짧게 데칩니다.

③ 꺼낸 시금치는 찬물에 씻지 말고 채반을 흔들며 빠르게 식힙니다. 다 식으면 물기를 잘 짜 주세요.

④ 시금치에 참치액 1t, 참기름 1t, 깨소금을 넣어 양념합니다. 간이 모자라면 소금을 더 넣어 주세요.

팁! 삶은 나물은 찬물에 씻으면 맛이 다 빠져나가요. 찬물에 씻지 말고 빠르게 식혀 주세요.

# 고구마 맛있게 먹기

한국인의 겨울 간식 고구마. 고구마를 어떻게 구우면 맛있을까요? 맛없는 고구마를 맛있게 만드는 방법은 바로 저온에서 오래 굽는 것입니다. 진분이 당분으로 변하며 당도가 높아져요. 그리고 고구마의 양끝을 잘라 익히면 열이 속까지 잘 통해서 고루 익습니다.

고구마를 매번 굽지 말고 냉동해 두면 편해요. 잘 익은 고구마를 식혀서 하나씩 껍질째 랩으로 포장하고, 지퍼백이나 밀폐 용기에 넣어 냉동 보관하세요. 먹고 싶을 때마다 꺼내서 전자레인지에 살짝 데워 주면 방금 구운 것 같아요.

# 8



## 시금치 냉동 보관법

맛있는 제철 시금치는 냉동 보관으로 더 오래 맛보고 즐길 수 있어요. 해동해서 나물무침까지도 가능한 시금치 냉동 보관법입니다.

시금치 냉동 보관법

1. 냄비에 물을 올리고 소금을 넣습니다. 소금을 넣으면 색이 더 푸릇푸릇해져요.
2. 손질해서 씻은 시금치를 뿌리 부분부터 넣으면서 3~40초 데쳐 주세요. 채반에서 빠르게 식혀 줍니다.
3. 지퍼백에 한 끼 먹을 분량으로 소분한 뒤, 시금치가 잠길 정도로 물을 넣고 얼려 주세요.
4. 드실 때는 봉지째로 찬물에 담가 해동하면 됩니다.

# 김말이

집에서 만드는 김말이는 파는 김말이하고는 비교할 수 없이 맛있어요. 한 번 먹으면 그 맛에 반해 냉동 김말이를 사 먹지 못할 정도랍니다.

(레시피)

① 당면 100g을 끓는 물에 넣고 7~8분간 삶아 주세요.
② 꺼내서 한 김 식힌 뒤 설탕 0.5T, 간장 1.5T, 참기름 0.5T와 후추를 톡톡 넣어 주세요.
③ 잘게 채 썰어 볶은 당근, 양파, 대파와 땡초를 취향껏 넣습니다.
④ 김에 당면을 넣고 말아요. 곱창 김으로 만드는 걸 추천합니다.
⑤ 튀김가루와 물의 비율을 1:1로 해서 반죽을 만듭니다. 김말이에 튀김가루를 먼저 묻히고, 반죽을 입혀 주세요.
⑥ 튀겨도 좋고, 기름 넉넉히 넣고 튀기듯 구워도 좋습니다.

## 건강을 챙기는 가장 쉬운 방법

1월은 새해의 다짐들을 마음에 새기며 하루를 시작하죠. 사람들의 새해 소원에 매년 빠지지 않는 것이 건강일 거예요. 건강을 잃으면 모든 것을 잃는다는 말을 한 귀로 듣고 흘리던 젊은 날과 달리, 이제 그 말이 조금 더 와닿는 나이에 다가가고 있습니다. 집밥은 저에게 건강을 챙기는 첫 번째 방법입니다. 거창하지 않아도 괜찮아요. 제철 식재료로 만든 소박한 식탁만으로도 충분하죠.

# 20



## 김밥 달인이 되는 법

재료들을 말기만 하면 되는 것 같지만 생각보다 맛있게 만들기 어려운 김밥. 네 가지를 신경 쓰면 김밥 달인이 될 수 있어요.

* 밥: 쌀 2컵(김밥 5~6줄 분량)에 소금 1t 넣어서 미리 간을 해 주세요. 밥이 다 되면 참기름 2t, 깨 넣고 섞습니다.
* 김: 김은 거친 면에 재료를 올려야 해요. 큰 김을 깔고, 그 위에 1/4로 자른 김을 대각선으로 한 번 더 올리면 터지지 않습니다.
* 말기: 엄지손가락으로 김밥을 받치면서 손끝에 힘을 주고 재료들을 모으는 느낌으로 말아 주세요. 김 끝에 물을 조금 발라서 고정하고 끝 면이 바닥 쪽으로 가게 두세요. 그러면 잘 풀어지지 않습니다.
* 썰기: 칼에도 참기름을 바르면 밥알이 달라붙지 않아요. 빵칼로 썰어도 잘됩니다.

# 10



## 우엉

우엉은 '모래밭에서 나는 산삼'이라는 별명을 가졌어요. 말려서 차로 끓여 먹기도 하고, 우엉 조림을 해 먹기도 합니다. 김밥에 쏙 넣어도 맛있는 우엉. 우엉을 요리할 때는 자른 후 10분 정도 식초물에 담가 놓으세요. 갈변을 막고 떫은 맛도 제거됩니다.

### 우엉 세척법

우엉 껍질에는 영양 성분이 많아요. 솔로 겉에 묻은 이물질만 가볍게 제거해 손질하는 것이 좋습니다. 저는 소렉스의 베지터블 브러쉬를 사용해요. 당근, 감자 세척할 때도 좋더라고요.

# 명란 마요네즈 주먹밥

일본에서 맛본 노릇노릇 구운 주먹밥. 너무 맛있어서 잊히지 않았습니다. 그냥 주먹밥도 맛있지만 가끔 색다르게 구워 먹어 보세요.

레시피

① 저염 명란젓과 마요네즈를 1:1 비율로 섞어 주세요.
② 밥을 동그랗게 뭉치고 그 안에 명란 마요네즈를 넣습니다.
③ 간장 1t, 물 2t, 설탕 1t를 섞어서 전자레인지에 40초 돌려 주세요.
④ 주먹밥에 소스를 바른 뒤, 프라이팬에 버터를 녹이고 노릇하게 구워 줍니다.

# 11



## 우엉조림

우엉조림은 잘못하면 푸석푸석 맛이 없어 보여요. 알려 드리는 레시피로 만들어 보세요. 윤기가 차르르 흐르면서 쫀득해 정말 맛있어요.

레시피

① 채 썬 우엉 400g, 들기름 2T, 식용유 2T를 프라이팬에 넣고 볶아 주세요.
② 흑설탕 2T를 넣고 더 볶다가 맛술 1T와 간장 3T를 넣습니다.
③ 적당히 볶아졌을 때 다시마 우린 물 250ml를 넣고 졸입니다.
④ 물기가 거의 남지 않았을 때 조청 1T를 넣습니다. 센 불로 남아 있는 수분기를 날리며 빠르게 볶아 주세요.

## 명태

생태, 동태, 북어, 코다리, 황태…. 다 같은 생선이에요. 어떤 상태로 만드느냐에 따라 이름이 달라집니다. 갓 잡았을 때는 생태, 얼리면 동태, 말리면 북어, 반쯤 말리면 코다리, 얼었다 녹았다 반복하게 되면 황태입니다. 어린 명태는 노가리라고 부르고요. 명태 알은 명란젓, 창자는 창란젓이 됩니다. 다양하게 활용되며 알뜰살뜰 쓰이고 있어요. 명태는 날이 추워지면 살이 통통하게 올라 맛이 좋아요. 얼큰하게 탕 끓여서 시원하게 드세요.

# 12



## 제주 당근

'당근도 철이 있나?'라고 생각했는데 겨울 제주 당근을 먹어 보고는 눈이 번쩍 뜨였어요. 겨울부터 3월까지가 수확 철이라 갓 뽑아 낸 신선한 햇당근을 맛볼 수 있는 시기예요. 특히 제주 구좌 당근은 수분감이 많고 정말 달아 맛있습니다.

당근은 지용성 비타민이 많기 때문에 생으로 먹는 것보다 기름에 살짝 볶아 먹는 것이 좋아요. 기름에 볶으면 생으로 먹는 것보다 비타민의 체내 흡수율이 훨씬 높아진답니다. 당근 주스를 만들 때도 올리브오일을 조금 넣어서 만들어 보세요.

# 홍콩식 굴전

굴을 하나하나 부치기 귀찮으신 분들은 홍콩식 굴전 어떠세요? 전과 튀김의 경계에 있어 매력적인 요리입니다.

레시피

① 볼에 굴을 넣고 계란 1개, 다진 파, 홍고추, 튀김가루 3T를 넣어 잘 버무려 줍니다.
② 프라이팬에 기름을 넉넉하게 두른 뒤, 굴들을 덩어리로 올려 튀기듯이 노릇하게 부쳐 주세요. 너무 크지 않게 부쳐야 굽기 좋아요.
③ 간 마늘 1t, 다진 청양고추 1t, 간장 4t, 맛술 4t, 식초 2t, 통깨를 섞어 상큼 간장 소스를 만듭니다. 소스에 찍어 드세요!

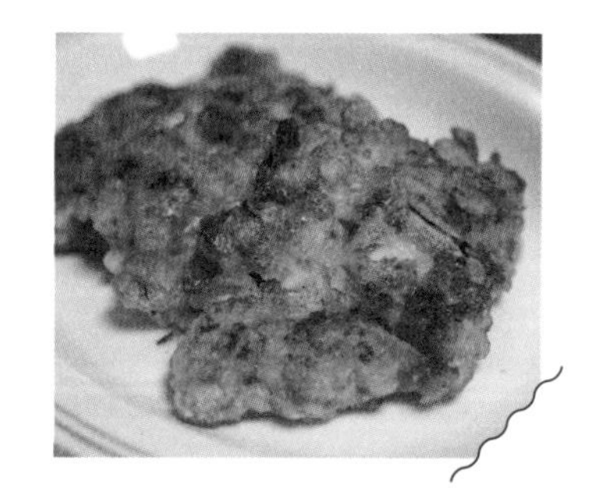

팁! 간장 2t, 스리라차 4t, 맛술 2t를 섞어 매콤한 소스를 만들어 먹어도 좋아요.

# 13



## 꼬마 김밥

달큰함이 절정에 오른 시금치, 달달한 겨울 제주 당근과 영양이 가득 찬 우엉을 먹을 수 있는 계절. 집 김밥을 만들어야 하는 이유입니다.

레시피

① 계란은 프라이팬에 약불로 익힌 후, 한 김 식혀서 얇게 썰어 주세요.
② 햄은 뜨거운 물로 한 번 데친 후 프라이팬에 굽습니다.
③ 당근은 칼이나 채칼을 이용하여 얇게 채 썰어 주세요. 프라이팬에 기름을 아주 살짝 두르고, 소금 조금 넣고 숨이 죽을 정도만 볶습니다.
④ 시금치나물과 우엉조림도 준비합니다. 재료들은 얇게 채 썰어야 예쁘게 완성돼요.
⑤ 김에 넣어서 잘 말면 완성!

# 굴전

굴은 수분이 많은 재료라 전으로 했을 때 물이 흥건해져 지저분해지기 쉬워요. 집에서도 파는 것 같은 바삭한 굴전 만드는 방법입니다.

레시피

① 계란 4개를 풀고 미림 1t를 넣습니다.

② 세척한 굴에 식초를 넣고 버무려서 5분 정도 두었다가 키친타월로 물기를 제거합니다. 식초의 산이 굴 겉면의 단백질을 응고시켜 물이 흥건해지는 걸 막고 굴 속의 육즙을 지켜 줘요. 비린내도 잡아 줍니다.

③ 부침가루, 전분가루를 1:1 비율로 봉지에 넣어 주세요. 가루가 든 봉지에 굴을 넣고 흔듭니다.

④ 굴에 계란물을 묻히고 기름 두른 프라이팬에 노릇노릇 구워 주세요.

# 14



## 대구

대구(大口)는 입과 머리가 크다고 해서 붙여진 이름이래요. 지방이 적고 단백질이 풍부한 흰 살 생선입니다. 다른 계절에도 대구가 잡히지만, 겨울 대구는 살이 꽉 차 있고 맛도 풍성해요. 무기질과 아르기닌 성분이 풍부하여 원기 회복에 도움을 주며 피로 해소에도 좋습니다. 추운 겨울날 뜨끈한 대구탕, 대구지리 먹으면서 가족들과 함께 면역력을 챙겨 보세요. 시원한 국물이 일품인, 겨울나기를 도와주는 고마운 생선입니다.

# 콜리플라워 소시지 야채볶음

콜리플라워는 맛이 튀지 않아 어디든 잘 어울리고, 아삭하고 부드러운 식감이 좋아요. 소시지 야채볶음에 같이 넣으면 아이들도 좋아하는 우리 집 반찬이 뚝딱 만들어집니다.

레시피

① 프라이팬에 식용유를 두르고 채 썬 마늘과 양파, 콜리플라워 100g을 넣고 볶다가 비엔나소시지 250g을 넣어 노릇하게 구워 주세요.

② 고춧가루 0.5T, 양조간장(또는 진간장) 1T, 설탕 1T, 케첩 3T, 식초 0.5T, 후추를 넣어 볶아 주세요. 물을 살짝 넣으면 양념이 잘 섞입니다.

# 고구마 브륄레

크림 브륄레는 '태운 크림'이라는 뜻이에요. 고구마 브륄레는 크림 브륄레를 응용해 고구마 표면을 설탕 코팅한 레시피입니다. 숟가락으로 툭툭 깨트려 먹는 설탕의 진한 단맛과 뒤따라오는 고구마의 부드러운 단맛이 혀끝을 감쌉니다. 보통 토치를 많이 사용하지만, 높은 온도로 달군 프라이팬으로도 가능하니 도전해 보세요.

레시피

① 잘 익은 고구마를 반으로 가르고, 설탕으로 고구마 표면을 빠짐없이 채워 주세요.

② 프라이팬을 강한 불로 뜨겁게 달궈 주세요.

③ 설탕 입힌 고구마를 프라이팬에 뒤집어 놓고, 뜨거운 위치로 옮겨가며 설탕을 코팅합니다.

팁! 바닐라 아이스크림 얹어 먹으면 정말 맛있어요. 겨울 간식 먹으며 달콤한 하루를 보내 보세요.

# 14



## 콜리플라워

브로콜리와 양배추의 친척뻘인 콜리플라워. 사계절 내내 마트에서 볼 수 있어 제철을 가늠하기 어렵지만, 사실 브로콜리와 콜리플라워는 겨울이 제철입니다. 콜리플라워는 브로콜리와 비슷하게 생겼는데 하얀색이에요. 칼로리가 낮아 체중 조절하시는 분들이 작게 다져서 익힌 후 밥 대신 먹기도 합니다. 저는 김치 볶음밥 만들 때 밥 반 공기에 콜리플라워 반 공기 다져서 넣어요. 이질감 없이 탄수화물 양을 반으로 줄일 수 있어요.

# 16



## 봄동

봄동은 봄의 설렘을 가장 먼저 가져오는 채소입니다. 배추와 이름도, 모양새도 달라 '다른 채소인가?' 싶지만, 봄동은 노지에서 겨울을 나며 잎이 펼쳐진 배추일 뿐이랍니다. 아삭한 식감, 고소하고 달달한 맛은 배추가 꾹꾹 응축된 것 같아요.

봄동 하나로 다양한 요리가 가능해요. 봄동 겉절이에 참기름 휘휘 둘러 비빈 비빔밥도 좋고, 봄동 된장국도 많이 끓여 먹어요. 봄동전도 빼놓을 수 없죠. 봄동전을 하나하나 굽기 힘들었다면, 채 썰어서 한 판에 구워 보세요. 뭐든 쉬워야 자꾸 해 먹어요. 오늘은 봄동 요리 어떠신가요?

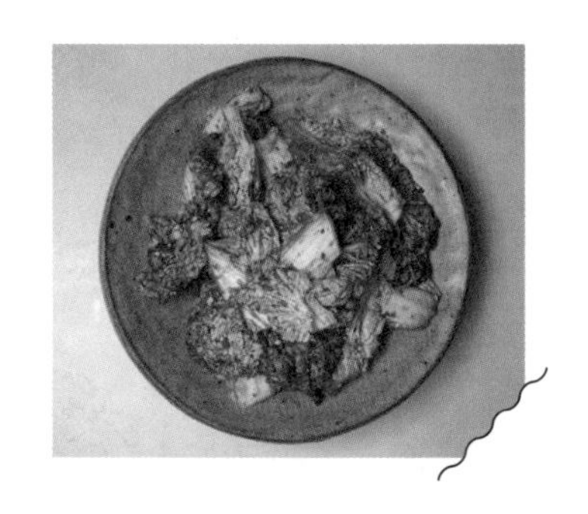

# 13



## 홍합

뽀얀 국물의 홍합탕은 날이 추워지면 생각나는 술안주죠. 별다른 거 없이 알맹이가 실한 제철 홍합만 넣어도 국물 맛이 아주 좋아요. 홍합을 고를 때 껍데기는 부서진 곳 없이 매끈하고, 속살이 붉은빛을 띠며 통통한 것으로 고르세요.

사실 우리가 자주 보는 홍합은 양식 홍합입니다. '섭'이라고 불리는 홍합이 토종이죠. 가격이 비싸고 자연산뿐이라 구하기 어렵지만 정말 맛있어요. 기회가 된다면 섭으로 미역국을 끓여 보세요. 국물의 깊이가 차원이 달라요.

## 식비 줄이는 방법

마트에 들어설 때는 분명 삼만 원어치만 사려고 했는데, 물가가 올라도 너무 올랐죠? 몇 개 못 담고 금세 장바구니가 넘쳐 버립니다. 우리 집 식비 줄이는 방법은 바로 제철 음식을 챙겨 먹는 거예요. 제철은 '가장 맛있을 때'이기도 하지만, 수확량이 많아 '가장 저렴할 때'이기도 하거든요.

* 이번 달 제철 음식이 무엇인지 확인해요. 냉장고에 있는 식재료도 파악합니다. 제철 음식을 메인으로 일주일 식단을 대략 만들어요.
* 산지 직배송을 이용하면 가장 신선한 식재료를 만날 수 있어요.
* 장본 식재료는 바로 소분하고 식재료에 맞게 보관합니다. 상해서 버리는 게 제일 아까워요.
* 즐거운 제철 집밥의 행복을 누려요. 제철 식재료를 알아 두면 외식 때도 좋아요. 지금은 방어 회를 먹을 시즌!

# 12



## 문어

문어는 예로부터 제사상에 올릴 만큼 귀한 수산물로 여겨졌습니다. 겨울철 문어는 바다 깊은 곳에 있다가 육지 쪽으로 내려오면서 살이 통통하게 올라 있고, 단맛이 최고예요. 숙회로 먹어도 좋지만 파프리카 가루 톡톡 뿌려 올리브오일 듬뿍 두르고 스테이크처럼 구워 보세요. 매시 포테이토까지 곁들여서 먹으면 레스토랑 부럽지 않은 맛입니다. 포르투갈 여행을 갔을 때 먹어 보았는데, 정말 맛있어서 종종 집에서도 해 먹는답니다.

# 18



## 새조개

조개의 황제라고 불리는 새조개. 새의 부리를 닮았다 하여 붙여진 이름이에요. '귀족 조개' '비싼 조개'라는 별명을 가지고 있습니다. 담백하면서 쫄깃한 맛, 은은한 단맛이 도는 조개로 미식가들은 이 시기에 새조개를 꼭 찾아 먹죠.

새조개를 고를 때는 씨알이 굵은 것, 표면이 깨끗하고 윤기가 흐르는 것, 부리를 닮은 모양 쪽이 선명한 초콜릿 색을 띠는 것을 고르세요. 맛있는 새조개를 고르는 팁이랍니다. 12월부터 이듬해 2월 사이 제철에는 살이 통통하게 올라요. 샤브샤브로 요리하면 색다른 고급 요리가 됩니다.

# 11



## 가숭어

밀치, 참숭어라고도 불리는 가숭어는 찰지고, 식감 좋고 적당히 기름도 올라 물리지 않아요. 추운 날 꼭 먹어야 하는 생선회입니다. "겨울에는 밀치지!"라는 말을 자주 하셨던 아빠는 밀치를 먹는 날 꼭 소주 한 잔을 곁들이셨어요. 봄이 제철인 보리 숭어와는 다릅니다. 가숭어와 보리 숭어는 눈의 색으로 구분할 수 있어요. 겨울에 먹는 가숭어는 눈이 노란색, 봄에 먹는 숭어는 눈이 검정색입니다.

# 19



## 우삼겹 양배추 덮밥

요리가 하기 싫은 날은 쉽게 만들 수 있는 한 그릇 요리를 좋아해요. 저녁으로 만들었더니 남편이 규동 같다며 엄청 잘 먹더라고요. "진짜 쉬우니까, 나 없을 때 혼자 만들어 먹어!"라고 말하니 못 들은 척하고 아무 말 없이 한 그릇 뚝딱했어요. 아무튼 정말 쉬운 우삼겹 양배추 덮밥입니다.

레시피 (2인분 기준)

① 설탕 0.5T, 양조간장(또는 진간장) 1T, 맛술 2T, 굴소스 0.5T, 다진 마늘 1T, 잘게 썬 청양고추 1개를 섞어 양념장을 만듭니다.
② 프라이팬에 우삼겹 200g을 노릇노릇 구워 주세요.
③ 남아 있는 기름을 키친타월로 닦은 뒤 양배추 300g, 채 썬 양파 1/4개를 넣고 볶아 주세요.
④ 양념장 넣어 볶으면 끝! 밥 위에 얹어 드세요.

# 10



## 방어

겨울이면 떠오르는 회는 단연코 방어 회죠. 살이 두둑하게 오른 방어를 한입 먹으면 기름기가 입에 싹 돌면서 '이게 내가 겨울을 기다리는 이유였지'라는 생각에 행복해집니다. 방어는 봄의 산란기 전에 영양분을 최대한 비축하며 살을 찌우기 때문에 겨울이 가장 맛있어요. 대방어, 돼지 방어라고 불리는 큰 크기의 방어는 등살, 배꼽살, 뱃살, 가마살, 사잇살, 볼살 등 다채롭게 회로 즐길 수 있습니다. 미식가들은 방어 머리 구이가 그렇게 맛있다고 해요. 방어로 겨울을 제대로 즐겨 보세요.

# 20



## 곶감

임금님께 진상하던 귀한 음식, 곶감. 감 색깔이 곱고 예쁜 선홍색인 것은 '유황훈증'을 했을 가능성이 높아요. 곶감을 구매할 때는 '무유황'으로 만든 것을 구매해 보세요. 표면에 하얀 가루가 보이면 '이걸 먹어도 되나?' 싶지만, 얼었다 녹았다를 반복하며 단맛이 응축되어 생긴 가루랍니다. 자연의 달콤함이에요. 1월이면 영동, 함안, 산청, 함양 네 지역에서 곶감 축제가 열립니다. 감의 품종에 따라 곶감의 종류도 다양해서 골라 맛보는 재미가 있답니다. 주말에 시간 내어 가족들과 곶감 맛보러 떠나는 건 어떤가요?

# 귤

겨울이 되면 이불 뒤집어쓰고 귤 까먹으면서 텔레비전 보는 재미를 놓칠 수 없죠. 추운 겨울날 상큼한 귤을 먹으면 에너지가 충전되는 기분이 듭니다. '귤락' 또는 '알베도'라고 불리는 하얀 실 껍질도 함께 드세요. 식이섬유와 비타민도 풍부하고, 혈관 건강에 도움이 됩니다. 맛없는 귤은 손으로 주무르면 자극에 의해 숙성되면서 당도가 올라가요.

귤을 박스째 사서 놔두면 가끔 하얗게 곰팡이 핀 귤이 생겨요. 곰팡이 핀 귤은 아깝지만 무조건 버려 주세요. 주변 귤들도 깨끗하게 씻어서 드시는 게 좋습니다.

# 시래기

10월 하순 즈음 무청을 수확해요. 그때 수확한 무청을 얼기설기 엮어서 2달 정도 말려 시래기를 만듭니다. 양구 펀치볼 시래기가 유명하죠. 펀치볼은 강원도 양구군 해안면 일대 마을의 별칭으로, 과거 유엔군이 이 마을을 보고 펀치볼(Punch Bowl, 화채 그릇)처럼 생겼다고 하여 지어진 이름이에요. 지형적 특성으로 일교차가 크고 고산분지 안에 바람이 맴돌아, 무청이 얼고 녹기를 반복하며 부드럽고 구수한 향의 질 좋은 시래기를 만들 수 있어요. 시래기는 식이섬유가 풍부해서 장 건강에 도움을 줍니다. 변비도 예방할 수 있어요. 오늘은 시래기 된장국 어떠세요?

# 무수분 수육

담백하면서도 고소한 수육. 무수분으로 수육을 만들면 고기의 맛이 물에 빠져나가지 않아 더 맛있습니다. 야채와 과일의 수분으로 잡내 없이 부드럽게 삶아 보세요.

레시피

① 바닥이 두꺼운 냄비에 양파 1개, 대파 2개를 큼지막하게 썰어서 깔아 주세요. 양파 껍질도 버리지 말고 넣어 줍니다.
② 삼겹살 1kg을 넣고 간장 2T, 미림 2T를 넣어 주세요.
③ 사과 반 개를 썰어서 위에 덮어 줍니다.
④ 그대로 뚜껑을 닫고, 중약불에 뭉근하게 50분 정도 익혀 주세요.

# 22



## 꼬막

갯벌의 선물 같은 꼬막. 꼬막은 11월부터 3월까지가 맛있어요. 꼬막의 종류는 참꼬막, 새꼬막, 피꼬막으로 나뉘는데 우리가 가장 흔하게 먹는 것이 새꼬막입니다. 꼬막으로 유명한 벌교에서는 겨울철이면 엄지 손톱을 깎지 말라는 말이 있대요. 꼬막을 까 먹기 위해서는 손톱이 필수니까요. 벌교 꼬막은 육질이 단단하고 쫄깃한 것이 특징입니다.

### 꼬막 삶는 법

1. 그릇에 소금물, 꼬막을 넣고 검은 비닐로 덮어 3~4시간 해감해 주세요. 채반에 꼬막을 넣고 아래에 그릇을 받치면 모래가 밑으로 침전되어 더 깔끔합니다.
2. 냄비에 꼬막을 넣고 삶습니다. 삶을 때는 한 방향으로 저어야 손질하기 쉬워요.
3. 꼬막이 입을 벌리기 시작하면 불을 꺼 주세요.

# 고구마 생채

고구마를 생으로 먹으면 또 다른 매력이 있어요. 양념에 무쳐서 생채로 먹어도 되고, 밥에 고추장 한 숟갈 올리고 쓱쓱 비벼서 비빔밥으로도 먹어 보세요. 김에 싸 먹으면 맛이 배가 됩니다.

레시피

① 채 썬 고구마(약 350g)를 물에 10분 정도 담가 전분기를 뺍니다.
② 고춧가루 4T, 설탕 1T, 매실청 2T, 식초 2T, 액젓 2T, 참기름 2T, 다진 마늘 1T, 파 2T, 깨를 넣고 양념장을 만듭니다. 모자란 간은 소금으로 맞춰 주세요.
③ 고구마를 물에 2번 정도 헹군 뒤, 양념과 잘 버무려 주세요.

1월 23 제철 레시피

# 꼬막 비빔밥

몇 년 전 강릉에 놀러 가서 꼬막 비빔밥을 먹었는데 너무 맛있어서 집에서 따라 만들어 봤어요. 외식의 반도 안 되는 가격으로 더 푸짐하게 먹는 것, 이게 집밥의 행복 아닐까요?

레시피 (2인분 기준)

① 해감한 꼬막 1kg을 삶은 뒤 살만 빼서 준비해 주세요. 쪽파와 고추도 송송 썰어 준비합니다.

② 간장 4t, 참치액 1t, 올리고당 1t, 맛술 1t, 연두 1t, 고춧가루 4t, 다진 마늘 2t, 매실청 1t, 들기름 3t을 잘 섞어 양념장을 만들어 주세요.

③ 밥 2공기에 꼬막, 양념장, 쪽파, 고추를 넣고 잘 비비면 완성!

# 두부 파래전

새콤달콤 파래무침을 하고 남는 파래가 있다면, 두부와 함께 부쳐 보세요. 고소하면서 은은한 파래의 향이 더해져 밥반찬으로도 좋아요.

레시피

① 두부 반 모를 전자레인지에 1분간 돌린 뒤, 두부에서 생긴 물은 버리고 수분을 최대한 제거해 으깹니다.

② 세척한 파래 100g은 물기를 꼭 짜서 잘게 썰어 주세요.

③ 볼에 두부와 파래를 넣고 부침 가루 3T, 계란 1개를 넣어 잘 섞어 주세요. 간은 소금으로 맞춥니다.

④ 프라이팬에 기름을 넉넉하게 두르고 작게 여러 장 부쳐 주세요. 홍고추를 위에 올려 주면 예뻐요.

# 제주도의 월동 무와 양배추

제주도의 월동 채소들은 추운 날씨를 견디며 살아남기 위해 안간힘을 씁니다. 그 결과 채소의 맛이 풍성해지고 달큰한 맛도 깊어져요. 시련을 겪으면 단단해지는 건 사람이나 채소나 비슷한가 봅니다. 제주 월동 무 드셔 보셨나요? 아삭아삭한 식감이 일품인 제주 월동 무는 무생채로 만들면 정말 맛있어요. 겨울 무는 인삼보다 건강에 좋다는 말도 있으니 많이 드세요. 겨울 제주 양배추는 잎이 단단하고 두꺼워요. 생으로 먹는 것보다 익혀서 먹으면 좋습니다. 내일 양배추찜 맛있게 먹는 방법도 소개해 드릴게요.

# 파래

향긋한 바다 내음을 가진 파래. 파래는 칼슘이 풍부해 골다공증 예방에도 도움이 되고, 철분이 풍부해 빈혈 환자에게도 좋습니다. 가격도 저렴해서 부담이 없습니다. 파래를 고를 때는 진한 녹색을 띠는 것, 마르지 않고 윤기가 나는 싱싱한 것으로 담으세요. 무와 함께 절여서 파래 초무침을 만들면 새콤달콤한 맛에 입맛이 확 당겨요. 사과를 채 썰어 넣어도 맛있지요. 젓가락이 가지 않을 수 없는 메뉴예요.

# 25



## 양배추찜

양배추를 찔 때 그냥 물에 찌지 말고 쌀뜨물에 미림을 섞은 물로 쪄 보세요. 쌀뜨물이 풋내를 잡아 주고, 미림이 단맛은 살리고 쓴맛은 잡아줘서 훨씬 맛있답니다. 평생 써먹는 양배추 맛있게 찌는 법이에요.

레시피

① 냄비에 쌀뜨물 700ml와 미림 1T를 넣고 끓입니다.
② 물이 끓는 동안 찜통에 양배추를 두세 겹 떼서 오목한 방향으로 그릇 쌓듯 올려 주세요.
③ 물이 끓으면 양배추를 넣은 뒤 뚜껑을 닫고 센 불로 5분간 쪄 주세요.

# 콜라비

예쁜 보라색의 콜라비는 양배추와 순무를 교배시킨 채소입니다. 아삭하고 달달한 맛이 나요. 피로 회복과 다이어트에도 좋고, 칼륨 성분도 풍부해서 고혈압에 좋은 음식으로 손꼽힙니다. 콜라비를 제대로 먹으려면 껍질까지 드세요. 보랏빛 껍질에 항산화 성분인 안토시아닌이 듬뿍 들어 있어요. 콜라비로 깍두기, 동치미, 무생채를 만들어 보세요. 콜라비 피클도 좋습니다. 만들어 두면 집에서 파스타나 스테이크를 해 먹을 때 꺼내 먹기 딱 좋아요.

# 브로콜리무침

브로콜리를 초장에 찍어 드시나요? 부어 먹어도 맛있고 찍어 먹어도 맛있는 브로콜리무침 소스. 아이들도 좋아하는 맛이에요. 더 이상 초장 찍어 먹지 말고, 이 소스로 만들어 보세요.

레시피

① 브로콜리는 손질해서 찜 받침 위에 두고 3분간 찝니다. (불 세기와 냄비 크기에 따라 다르니 조절해 주세요.)

② 브로콜리를 식히는 동안 간장 0.5T, 식초 0.5T, 마요네즈 3T, 올리고당 1T, 깨를 섞어 소스를 만들어요.

③ 브로콜리에 소스를 넣고 조물조물 무쳐 주면 완성!

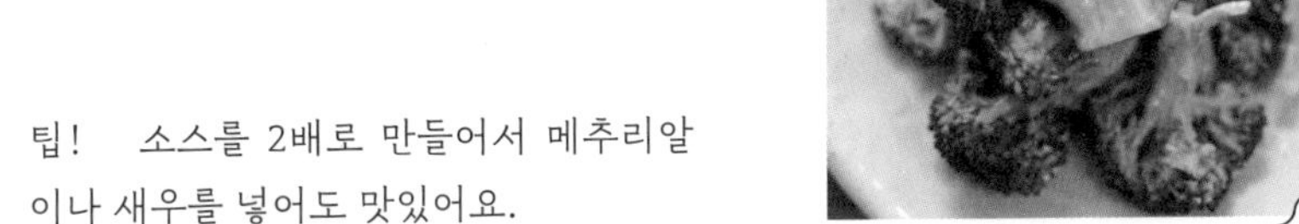

팁! 소스를 2배로 만들어서 메추리알이나 새우를 넣어도 맛있어요.

# 콩나물무침

데친 콩나물에 양념하는 방법으로만 콩나물무침 만들어 드셨나요? 양념장을 끓여서 무치면 아구찜에 들어가는 콩나물처럼 변신합니다. 색다른 콩나물무침 드셔 보세요.

레시피

① 콩나물 400g을 끓는 물에 살짝 데쳐 물기를 꾹 짜 주세요.
② 식용유 1T, 고춧가루 1T, 다진 마늘 1t를 순서대로 냄비에 넣고 약불에서 끓입니다.
③ 고추기름이 나오면 참치액 1t, 국간장 1.5t, 맛술 1t를 넣고 끓입니다.
④ 콩나물에 끓인 양념장, 참기름 1t, 깨를 넣고 무치면 완성입니다.

# 아귀

옛날 어부들은 아귀를 잡아도 못생겼다는 이유로 버렸다고 해요. 못생긴 외모와 달리, 쫄깃하고 특유의 식감이 매력적이라 요즘에는 많은 분들이 찾는 인기 생선이죠. 12월에서 2월 사이가 제철이에요. 따뜻한 성질로 겨울에 먹기 좋은 생선입니다. 콩나물과 매콤한 양념을 버무려서 아귀찜으로 많이 먹습니다.

아귀를 고를 때는 작은 사이즈보다 큰 사이즈를 선택하세요. 색은 짙은 색을 띠는 것, 눈이 흐리지 않고 선명한 것, 살이 탄탄하고 윤기가 흐르는 것이 좋습니다.

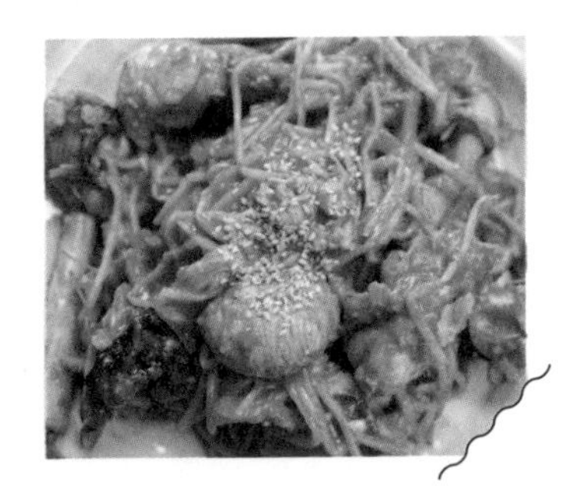

# 굴 세척법

마트에서 산 봉지 굴이라도 굴은 잘 씻어서 드시는 것이 안전합니다. 굴 씻는 방법은 크게 두 가지가 있어요.

* 굵은 소금으로 세척하기: 굴을 볼에 담고, 굵은 소금 1T를 넣습니다. 휘휘 저으며 씻어 주세요. 거뭇한 이물질과 불순물이 많이 나옵니다. 한 번 물로 헹군 뒤, 다시 소금을 넣어 씻어요. 3번 정도 반복합니다. 마지막으로 굴을 얼음물에 넣어 빠르게 헹궈 주세요.
* 무즙으로 세척하기: 무즙으로 세척할 때는 비린내까지 잡을 수 있는 이점이 있어요. 굴을 볼에 담고, 무즙을 넣어 가볍게 흔들며 씻어 주세요. 무즙에 이물질과 불순물이 흡착됩니다. 수돗물에 하나하나 씻은 뒤, 마지막으로 한 번 더 헹구면 됩니다.

# 감태 김밥

감태는 오염된 물에서 자라지 않아요. 양식이 불가해서 100% 자연산밖에 없는 고급 식재료죠. 김밥을 쌀 때 김을 감태로만 바꿔 줘도 특별해져요. 쉬운데 폼 나는 메뉴입니다.

레시피

① 밥에 백명란, 마요네즈, 통깨를 넣고 기호에 맞게 간을 해 주세요. 꼬들단무지를 다져서 넣어도 맛있어요.
② 감태를 2장 깔고 그 위에 밥을 얇게 깔아 주세요.
③ 속 재료는 선택! 밥에 간이 되어 있기 때문에 그대로 말아서 드셔도 좋고, 연어나 두툼한 계란을 넣고 만들어도 맛있습니다.

팁! 밥에 참기름, 소금, 통깨로만 간해서 동그랗게 말아 주먹밥을 만들어도 맛있어요. 겉면에 감태를 묻히고, 낙지젓을 올려 먹으면 정말 맛있답니다.

# 1



## 굴

수온이 내려가면 굴의 살이 통통하게 오르고, 영양도 풍부해집니다. 굴은 중금속을 해독할 수 있는 셀레늄이 풍부해요. 현대인들이 제철에 굴을 먹어야 하는 이유죠. 생굴을 먹었다가 노로 바이러스에 감염되면 설사, 구토, 발열 증상으로 고생하고, 걸리면 쉽게 전파되어 온 가족이 고생할 수 있어요. 노로 바이러스는 열에 약하니 꼭 익혀 드세요. 굴밥, 굴 국밥, 굴전, 굴찜 등 굴만 가지고도 다양한 요리가 가능합니다. 굴로 감바스를 만들어 파스타에 넣어 먹어도 맛있어요!

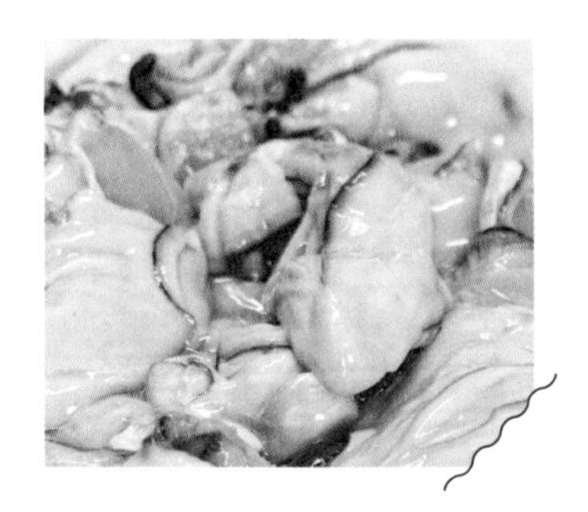

# 고추 새우전

호박전, 동그랑땡, 깻잎전…. 맛있는 전들이 정말 많지만 이번 설날에 전을 딱 하나만 해야 한다면 고추 새우전 해 보세요. 어린이 입맛인 저희 남편도 극찬한 맛이랍니다. 자칫 느끼해질 수 있는 새우전에 고추의 아삭한 맛을 더한 게 킥이에요.

레시피

① 고추의 양 끝을 잘라 내고 반을 갈라서 씨를 빼 주세요.
② 새우와 고추에 각각 부침가루를 묻혀 주세요. 봉지에 넣어 흔들면 간편합니다.
③ 빈 고추 위에 새우를 얹고, 계란물을 입혀서 부치면 완성!

팁! 식재료에 부침가루 등 가루류를 묻힐 때, 봉지에 가루와 재료를 넣고 흔들면 편하고 정리도 깔끔해요.

# 12월

# 콩나물무침

콩나물무침은 얼핏 보면 쉬워 보이지만, 아삭아삭 맛있게 만들기 어려운 반찬 중 하나죠. 콩나물 삶을 때 소금을 넣으면 질겨진답니다. 알려드리는 레시피로 콩나물무침 맛있게 만들어 보세요.

레시피

① 콩나물 300g을 물로 잘 세척한 다음 냄비에 넣어 주세요.
② 냄비에 종이컵 반 컵의 물을 넣고 뚜껑 닫아 약불로 익힙니다. 김이 새나오면 3분간 더 끓였다가 불을 꺼 주세요.
③ 콩나물을 찬물에 헹구지 말고, 건진 후 바로 볼에 옮겨 다진 마늘 0.5T를 넣고 섞어 주세요. 뜨거운 열기가 마늘의 아린 맛을 없애 줍니다. 젓가락으로 들었다 놨다 하며 빠르게 식혀 주세요.
④ 참치액 1T, 다진 마늘 0.5T, 다진 대파 1T, 깨소금을 넣어 버무립니다. 부족한 간은 소금으로 맞춰 주세요.

# 30



## 고구마 만두

달콤한 고구마와 짭짤한 치즈가 만나고, 옥수수의 식감까지 더해지니 자꾸 손이 가요. 고구마의 변신이 무궁무진합니다.

레시피

① 잘 익은 고구마를 으깨서 준비합니다.
② 캔 옥수수의 물기를 빼고, 피자 치즈와 섞어 놓습니다.
③ 만두피 가장자리에 물을 바르고, 고구마와 옥수수, 치즈를 올립니다.
④ 만두피를 반 접고 끝부분을 손으로 꾹꾹 눌러 모양을 잡아요. 포크로 찍으면 예쁜 모양이 나옵니다.
⑤ 팬에 식용유를 두르고 노릇하게 구워 주세요.

# 31



## 채소 세척하기

많은 분이 채소를 흐르는 물에 씻어야 농약이 제거될 거라고 생각하지만, 흐르는 물에 씻기보다 물에 담가 놓고 씻는 것이 농약 제거에 효과적입니다. 식초나 소금을 넣으면 세척이 더 잘 될 것 같지만, 식품의약안전처에 의하면 큰 차이는 없고 오히려 식초물이나 소금물은 채소, 과일이 가진 영양소를 파괴할 수 있다고 해요. 전용 세제로 세척하거나 수돗물로만 하셔도 충분합니다.

### 올바른 채소 세척법

수돗물을 한가득 담은 후 과일, 채소를 푹 담가 5분 정도 방치합니다. 저으면서 가볍게 문질러 주면 더 좋아요. 그다음 흐르는 물에 30초 정도 씻어 주세요.

# 29



## 참조기

참조기는 제사상이나 임금님 수라상에 진상되는 귀하고 고급스러운 생선입니다. 배가 황금빛을 띠는 것이 특징이죠. 참조기를 소금에 절인 뒤 말린 생선이 바로 보기만 해도 배부르다는 굴비입니다. 보리를 넣고 숙성시키면 보리굴비가 되고요. 이렇게 하면 짠맛과 비린내가 덜해요. 시원한 녹차 물에 밥을 말아서 보리 굴비 한 점 올려 먹으면 정말 맛있습니다.

참조기와 비슷한 물고기로 중국산 부세가 있습니다. 부세와 참조기는 꼬리 지느러미 모양이 달라요. 참조기는 꼬리 부분이 들쭉날쭉 뾰족하며, 중국산 부세는 매끄럽습니다. 최근에는 부세로 만든 굴비가 많이 유통되기도 해요.

2월

# 28



## 해삼

바다의 인삼이라고 불리는 해삼. 해삼은 차가운 수온에서 서식하는 생물입니다. 여름이면 서늘한 곳에 숨거나 낮은 수심까지 이동해 여름잠을 자지요. 날이 추워지면 식욕도 왕성하고 활동량이 많아져 이맘때가 딱 제철입니다. 해삼은 노화 방지와 기력 회복에 좋고, 항암, 항균 효과도 뛰어나요. 생김새 때문에 꺼리는 분도 계시지만 싱싱한 해삼에 솟은 돌기는 오독오독한 식감이 맛있답니다. 손질도 어렵지 않아요. 해삼 양 끝에 있는 입과 항문 부분을 자르고, 안쪽 내장을 꺼내면 끝입니다. 초고추장 콕 찍어 먹으면 바다 향이 입 안에 가득해요.

# 1



## 더 자세한 채소 세척법

매일 먹는 채소, 잘 씻고 계신가요? 세척만 잘해도 잔류 농약 걱정 없이 더 건강하게 드실 수 있습니다.

* 깻잎, 상추: 잎채소 특성상 잔털과 주름이 많아 농약이 잔류할 수 있으므로 충분히 씻는 게 좋아요. 5분가량 물에 담가 두고 1장씩 앞뒤로 가볍게 문질러 가며 씻어 주세요. 마지막으로 흐르는 물에 30초 정도 씻어 냅니다.
* 파: 뿌리에 농약이 많을 것이라 생각하기 쉽지만 실제는 잎 부분에 더 많습니다. 시든 잎과 겉껍질을 떼어 버린 후 세척하세요.
* 고추: 고추는 끝부분에 농약이 남는다고 알려져 있으나 실제로는 그렇지 않아요. 물에 일정 시간 담갔다가 흐르는 물에 씻어 드세요.

# 얼큰한 소고기뭇국

경상도가 고향인 제게 소고기뭇국은 빨간 국이에요. 서울에 와서 맑은 소고기뭇국을 보고 의아했어요. 이 맛있는 걸 경상도 사람만 먹고 있었다니…. 얼큰한 경상도식 소고기뭇국 레시피입니다.

레시피

① 키친타월로 국거리용 소고기 200g의 핏물을 닦아 냅니다. 무, 대파, 버섯은 적당한 크기로 썰어 준비합니다. 숙주 200g도 깨끗하게 씻어 주세요.

② 참기름 1.5T와 다진 마늘 1T를 넣고 소고기를 약불에 볶습니다. 고기에 핏기가 사라지게 익으면 무를 넣고 볶아 주세요.

③ 무가 투명해질 때 파를 넣습니다. 파 숨이 죽으면 고춧가루 2.5T, 국간장 3T를 넣고 볶아 주세요.

④ 물 1.3L, 미림 1T, 참치액 1T를 넣고 강불에 끓입니다.

⑤ 바글바글 끓으면 숙주와 버섯을 넣고, 약불로 바꿔 30분 정도 은은하게 끓이면 완성입니다.

# 2



## 제철음식연구소를 시작한 계기

어릴 적 엄마는 아침을 매일 차려 주셨어요. 온 집안에 은은하게 풍기는 밥 냄새, 주방에서 나는 소리들이 좋았어요. 그러다 독립을 하고 사회생활을 하면서 밖에서 먹는 음식, 배달 음식이 식사를 차지하는 비중이 늘어났죠. 그 음식들은 허기만 채워 줬지, 집밥만큼의 따뜻함은 주지 못했어요. 그래서 쉬는 날이면 장을 보고 저를 위한 음식들을 만들었어요. 한 끼에 정성을 쏟다 보니 지금 가장 맛있는 제철 음식을 찾는 것이 당연한 일이 되었어요.

# 26



## 무

무는 날이 추워지면 아삭아삭 단단해지고, 은은한 단맛이 절정에 달합니다. '가을 무는 인삼보다 좋다'라는 속담이 있을 정도로 영양도 우수해요. 콜레스테롤을 낮춰 주며 항암 효과가 뛰어나고, 소화에도 도움이 돼요. 옛날에는 체했을 때 동치미를 소화제처럼 먹기도 했습니다. 무를 고를 때는 겉면이 매끈한 것, 위쪽의 초록색 경계가 선명한 것을 고르세요. 무의 위쪽 초록 부분은 달고 부드러워 생채로 적합해요. 아래쪽은 맵고 단단해서 국이나 조림에 넣어 익혀 먹는 것이 좋습니다.

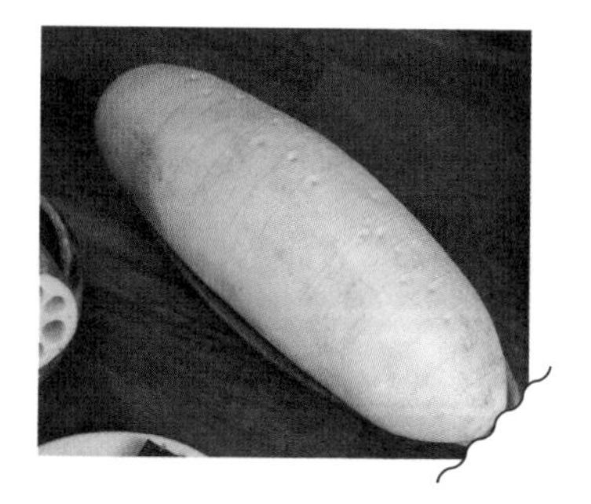

# 3



## 냉이

냉이의 제철은 언제일까요? 아는 사람들은 겨울 냉이를 찾아요. 겨울 냉이는 봄 냉이보다 연하고 향이 좋아요. 하우스 냉이보다 노지 냉이로 드셔 보세요. 겨울 추위를 이기며 자라난 노지 냉이는 잎 색깔이 알록달록하고 향과 맛이 더 진합니다.

냉이는 시든 잎을 떼고, 잔뿌리를 칼로 긁은 뒤 물을 담은 볼에 살살 흔들어 씻어 주세요. 바로 먹을 냉이는 키친타월에 말아 지퍼백에 넣고 냉장 보관합니다. 냉동할 냉이는 물기를 털고 한 번 먹을 만큼씩 봉지에 넣어 공기를 빼고 묶어 보관하면 됩니다. 드실 때는 해동하지 말고 끓는 물에 바로 데치거나, 찌개나 국에 넣어 요리하세요.

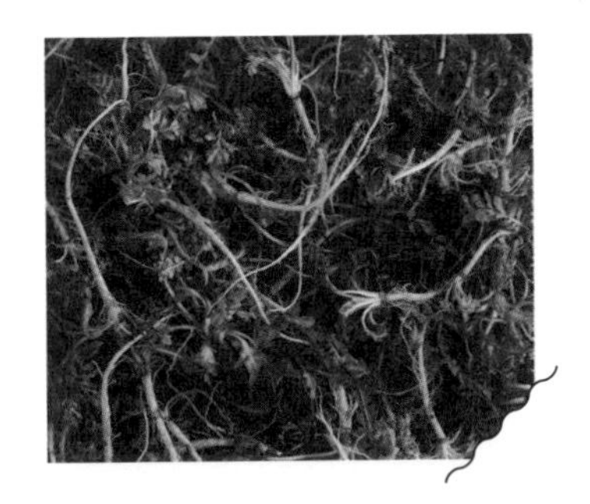

11월

# 25

제철 식재료

## 유자

얼어 버릴 것 같이 추운 겨울, 따뜻한 유자차 한 잔이면 몸이 녹아내리는 듯 행복해요. 행복을 누리기 위해서는 유자 철에 조금 더 부지런해져야 합니다. 유자 수확 철은 11~12월로 길지 않기 때문이에요. 유자는 레몬보다 비타민 C가 세 배 정도 더 풍부해 피로 회복과 감기 예방에 좋습니다. 유자는 색이 진하고 윤기가 흐르며 향이 짙은 것으로 고르세요. 유자청을 만들 때는 껍질은 얇게 채 썰고, 과육은 씨를 뺀 뒤 설탕과 1:1 비율로 담아 절이면 됩니다. 곱게 갈면 유자 폰즈 등 여러 요리에 활용하기도 좋아요.

# 냉이 된장찌개

하루의 피로를 풀어 주는 뜨끈한 냉이 된장찌개 레시피입니다. 오늘은 냉이 된장찌개와 밥 한 공기 어떤가요?

레시피

① 물 700ml에 다시마와 멸치를 넣고 국물을 냅니다. 물이 끓으면 다시마를 빼고 불을 꺼 주세요.
② 냉이 50g의 뿌리 부분은 칼등으로 통통 친 뒤, 먹기 좋은 크기로 썰어요. 찌개에 넣을 파, 양파, 고추, 호박도 알맞은 크기로 썹니다.
③ 만든 국물에 참치액 1T, 된장 2T를 넣습니다.
④ 소고기 150g, 냉이 뿌리 부분, 손질한 야채(파, 양파, 고추, 호박), 다진 마늘 1t, 고춧가루 2t를 넣고 끓입니다.
⑤ 야채가 익으면 두부와 냉이 잎 부분을 넣고, 1분 정도 더 끓이면 완성입니다.

# 땅콩버터

땅콩버터에는 불포화 지방산, 단백질, 식이섬유가 풍부해 건강에 도움을 줍니다. 사과에 땅콩버터를 발라 아침에 먹으면 식욕을 억제하고 급격한 혈당 상승을 막아 준다고 해요. 식사 전 사과 껍질째 반 개와 땅콩버터 한 스푼 드셔 보세요. 다이어트에도 좋습니다.

레시피

① 믹서에 볶은 땅콩을 넣고 10초 간격으로 끊어 여러 번 갈아 부드럽게 만듭니다.

② 더 부드럽게 만들고 싶다면 올리브오일을 넣고, 간을 맞추고 싶다면 소금을 조금 넣고, 달게 만들고 싶다면 올리고당을 섞어 주세요. 밀폐 용기에 담아 냉장 보관하면 2주간 보관 가능합니다.

# 냉이 된장찌개 냉동 밀키트

된장찌개는 너무 맛있지만, 생각보다 들어가는 재료가 많아 매번 새로 준비하기 번거롭죠. 냉동 밀키트로 만들어 두면 미래의 내가 분명 고마워할 거예요.

(레시피) (3회 분량)

① 된장 6T, 참치액 3T, 다진 마늘 1T, 고춧가루 2T, 국거리용 소고기 300g을 잘 섞어 주세요.

② 냉동 용기에 3등분으로 나눠 담고, 뿌리를 칼등으로 친 냉이 120g, 적당한 크기로 썬 호박, 양파, 대파, 고추도 나누어 넣습니다. 두부는 얼리면 식감이 달라지니 취향껏 선택하세요.

③ 먹을 때는 물 700ml에 코인 육수 한 알을 넣고, 얼려 두었던 야채와 된장을 넣어 고기가 다 익을 때까지 끓입니다. 마지막에 냉이를 넣어 주면 끝!

# 엄마 택배

"엄마 김치가 없어!"라고 전화하면 바로 택배를 보내시는 엄마. 김치만이 아니라 각종 반찬에, 국은 네모반듯하게 얼려서 택배 박스 안에 알차게 담아 보내 주십니다. 요리 하나 하는 것도 진이 빠지는데 엄마는 어디서 그렇게 힘이 나서 이 많은 걸 했을까, 얼마나 부지런히 이것들을 준비했을까 생각하니 마음이 찡해졌어요. 택배 박스 안에 귤 한 개가 있길래 "귤 한 개는 뭐야?" 물어보니까, 택배 닫다 보니 식탁에 있어서 넣었다는 대답. 하나라도 더 넣고 싶은 엄마의 마음이 귤 하나에 가득 담겼네요.

# 만능 양념장

맛있는 양념장 하나만 알아도 열 가지가 넘는 요리를 완성할 수 있어요. 멸치국수, 콩나물 비빔밥, 두부조림, 도토리묵, 꼬막무침, 봄동전…. 양념이 필요한 요리나 비벼 먹는 요리의 양념장, 때로는 찍어 먹는 양념장으로 다양하게 활용 가능한 무궁무진 만능 양념장입니다.

레시피

① 고춧가루 1T, 설탕 1T, 양조간장(또는 진간장) 5T, 국간장 0.5T, 맛술 1T, 참기름 1T, 물 3T, 다진 마늘 1T, 다진 청양고추 1개, 다진 파, 깨를 넣고 섞습니다.

팁! 파 대신 달래를 넣으면 달래장, 부추 넣으면 부추 양념장으로 다양하게 변신이 가능합니다.

# 수육

김장 김치와 함께 먹으면 찰떡궁합인 수육. 앞다리살을 연육해서 만들어도 좋고, 삼겹살 혹은 목살로 만들어도 좋습니다. 몇 가지 포인트만 알면 훨씬 더 맛있는 수육을 만들 수 있어요.

레시피

① 큰 곰솥에 물 1.5L, 된장 1T를 넣어 주세요. 물이 끓으면 바로 약불로 낮춘 뒤 양파 껍질째 반 개, 파의 초록색 부분, 마늘 5알과 다시마, 고기 600g을 넣습니다.

② 뚜껑을 살짝 열어 놓고 약불에서 50분간 익혀 주세요. 펄펄 끓는 물이 아니라 약불에서 익히면 훨씬 부드럽습니다.

③ 고기가 다 익으면 꺼내 주세요. 젓가락이 쑥 들어가면 잘 익은 것입니다.

④ 꺼낸 고기는 호일로 감싸 2~3분 정도 잔열로 익혔다가 썰어 주세요.

# 7



## 달래

냉이와 함께 봄을 알리는 대표적인 나물, 달래. 달래에 있는 비타민 C는 열에 쉽게 파괴되므로 생으로 먹는 게 좋아요. 만능 양념장에 달래를 섞어 달래장을 만들어 보세요. 김 한 장에 밥 한술 떠서 달래장을 올려 먹으면 정말 맛있어요.

### 달래 손질법

1. 알뿌리 부분에 검고 딱딱한 돌기를 떼어 내세요.
2. 달래 알의 겉껍질은 제거합니다.
3. 볼에 물을 가득 넣고, 줄기를 묶은 고무줄을 풀지 않은 채 흔들어서 씻습니다.
4. 고무줄을 풀고 흐르는 물에 한 번 더 씻어 줍니다.

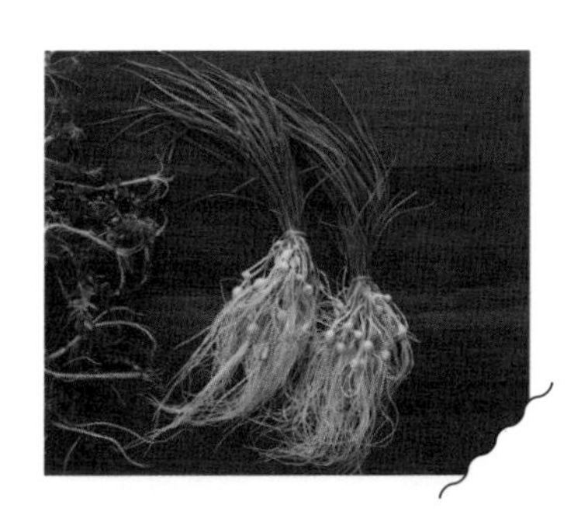

# 돼지 앞다리살 연하게 만들기

가격이 있는 삼겹살이나 목살에 비해 저렴한 앞다리살. 그렇지만 앞다리살은 육질이 거칠고 단단한 편이라 그대로 삶게 되면 퍽퍽해서 맛이 없어요. 앞다리살도 야들야들 부드럽게 만드는 연육 방법입니다. 앞다리살로 만드는 수육은 내일 알려 드릴게요!

돼지 앞다리살 연육 방법

1. 질 좋은 앞다리살 600g에 포크를 사용해 구멍을 촘촘히 냅니다.
2. 물 1L에 요리용 베이킹소다 1.5T를 넣습니다.
3. 베이킹소다를 섞은 물에 고기를 담가 냉장고에 6시간 정도 둡니다.

# 소금

음식의 간을 맞추고 맛을 살리는 소금. 소금에도 종류가 많다는 것 아시나요? 우리가 아는 염전에서 나오는 소금은 천일염입니다. 바닷물을 햇빛과 바람으로 증발시켜 얻는 소금이죠. 김장 담글 때 굵은 소금으로 활용되기도 해요.

암염은 산맥, 땅속에서 채취하는 소금입니다. 지각 변동으로 바다가 육지로 바뀐 뒤 오랜 세월을 거쳐 광물로 변한 것이죠. 히말라야 솔트가 대표적인 암염입니다. 히말라야 솔트는 은은한 단맛을 가지고 있어 고기 요리와 잘 어울려요.

정제 소금은 바닷물을 전기 분해하여 불순물을 제거하고 염화 나트륨만 남긴 것입니다. 저는 게랑드 토판염을 쓰고 있는데, 토판염은 갯벌에서 얻어지는 소금입니다. 쓴맛이 없고 채소의 단맛을 잘 살려줘서 좋아요. 그 외에도 바닷물을 끓여 만든 자염, 천일염을 녹여 재가열해 만든 꽃소금, 천일염을 고온에서 구운 죽염이 있습니다.

# 배추 겉절이

잘 익은 김치보다 겉절이를 좋아하시는 분 계신가요? 집에서 간단하게 만들어 먹을 수 있는 겉절이 레시피입니다. 이것보다 더 간단한 겉절이는 없을 거예요. 부추나 쪽파도 함께 넣으면 맛있으니, 취향껏 만들어 드세요.

레시피

① 알배추 1통을 씻어서 적당한 크기로 썰어 주세요.
② 물 100ml에 굵은 소금 3T를 넣고, 배추를 담가 40분 정도 절입니다. 중간중간 한 번씩 뒤집어 주세요.
③ 절인 배추는 흐르는 물에 헹구고 채반에 올려 물기를 뺍니다.
④ 절인 배추에 고춧가루 3.5T, 설탕 0.5T, 매실액 1T, 멸치액젓 1.5T, 다진 마늘 1T 넣고 버무려 주세요. 모자란 간은 새우젓을 살짝 넣어 마무리합니다.

# 9



## 생딸기 라떼

딸기를 샀는데 맛이 없어 곤란할 때, 생딸기 라떼를 만들어 보세요. 새콤달콤한 맛이 좋아 당 충전이 필요한 어른도, 달콤한 음료를 선호하는 아이들도 모두 좋아하는 음료입니다. 포인트는 우유와 생크림을 같이 넣는 거예요. 풍미가 훨씬 좋아진답니다.

레시피

① 딸기 200g을 칼로 다져 주세요. 믹서에 가는 것보다 다지는 게 식감이 살아 있어서 좋아요.

② 다진 딸기에 설탕 2T를 넣고, 냉장고에 1시간 정도 숙성시킵니다.

③ 숙성한 딸기를 병에 담고 우유 150ml와 생크림 80ml를 넣어 주면 끝! 보관은 냉장고에서 이틀 정도 가능합니다.

# 19



## 배추

가을, 겨울이 되면 식탁을 풍성하게 만들어 주는 배추. 배추는 제철이 되면 생으로 먹어도 싱겁지 않고 은은한 단맛이 있어요. 아삭아삭한 식감까지 좋습니다. 배추에 들어 있는 비타민 C는 열이나 나트륨에 강해 요리해도 쉽게 파괴되지 않아요. 배추 하나만 있으면 겉잎은 된장국으로, 중간 크기는 배추전이나 배추찜으로, 노란 속잎은 쌈 채소나 생채로 만들 수 있죠. 맛있는 배추김치를 만들어 두면 두고두고 든든합니다. 김장을 담그지 않더라도, 제철 배추를 구입해 맛있는 배추 요리 해 먹어 보세요. 배추를 고를 때는 너무 크지 않지만 묵직하고 속이 알찬 것이 좋습니다.

# 10



## 삼치

삼치는 가을부터 살이 오르기 시작해 날이 추워질수록 맛있어지는 생선입니다. 잔가시가 적고 비린 맛은 덜하면서 부드럽고 담백하죠. 고등어에 비해 뼈 건강에 도움이 되는 비타민 D가 많고, 지방은 적어요. 천연 오메가 3도 풍부해서 두뇌 발달, 기억력 증진, 치매 예방에 좋습니다. 무와 같이 드세요. 삼치에 부족한 영양소를 무가 채워 줄 거예요. 삼치조림으로 만들면 딱입니다. 취향에 따라 매운 양념, 데리야끼 양념으로 만들어서 맛도, 건강도 챙겨 보세요.

# 18



## 양미리

겨울철 동해안에서 쉽게 볼 수 있는 또 다른 생선은 양미리입니다. 한 입에 먹을 수 있는 작은 크기이지만 고소한 맛이 일품이죠. 이맘때 속초에서는 양미리·도루묵 축제가 열려요. 축제 기간에 맞춰 속초 여행을 떠나 보세요. 생선은 생물도 판매하고, 말린 것도 판매해요. 바닷바람을 맞으며 부둣가 포차에서 소금만 툭툭 뿌려 노릇하게 양미리를 구워 먹을 수도 있답니다. 집에서 프라이팬에만 구워 먹다가, 가끔 산지를 방문해 직화로 구워 먹으면 색다른 분위기와 맛을 느낄 수 있어요.

# 11



## 유채

제주도의 노란 유채꽃밭을 보면 봄이 오기도 전에 마음이 설레요. 그런데 유채꽃이 피기 전의 어린 잎은 나물로도 먹는다는 거, 알고 계셨나요? 고추장이나 된장에 무쳐서 많이 먹죠. 제주도에서는 유채로 김치를 담가 먹기도 했다고 해요. 저는 소금, 참기름, 마늘로만 간단하게 양념해서 김밥에 넣기도 하고, 비빔밥에 넣어 쓱쓱 비벼 먹기도 합니다. 비타민과 무기질이 풍부해 면역력과 피로 회복에 도움을 주고, 항산화 성분도 풍부해서 몸에 활력을 넣어 줍니다. 오늘 마트에 갔는데 유채가 있다면 장바구니에 한번 넣어 보세요. 나물 무치듯 요리하면 되니 간단합니다.

# 17



## 도루묵

도루묵은 겨울철 동해안에서 쉽게 볼 수 있는 11월 제철 생선입니다. 조선 시대 선조가 피난길에 이 생선을 먹고 너무 맛있어서 은어라고 칭했다가, 이후 다시 먹어 보니 그 맛이 아니었다 하여 '도루묵'이라 이름 붙여 주었다는 재미난 이야기가 있어요. 저는 외갓집이 속초예요. 겨울에 가면 할머니가 항상 통통하게 알을 밴 도루묵을 구워 주셨어요. 도루묵 조림도 맛있답니다. 최근에는 해수 기온이 오르고 무분별한 어획으로 도루묵 어획량이 많이 감소했어요. 예전만큼 쉽게 볼 수 없어 아쉬운 제철 생선입니다.

# 12



## 어떤 계절을 좋아하세요?

남편은 열이 많아 여름보다 겨울이 좋다고 해요. 추울 때는 더 껴입으면 그만인데 더울 때는 대책이 없다고 툴툴대죠. 저는 반대로 여름을 가장 사랑해요. 우리나라의 습도로는 모자라서 동남아의 아열대 기후를 더 좋아할 정도입니다. 그런 둘이 만나 적당히 타협을 이뤄 가을에 결혼했어요. 요즘 저희는 더우면 더운 대로, 추우면 추운 대로 미세하게 변하는 계절을 느끼는 것이 즐거워요. 그래서 제철 음식을 공부하는 이 일이 더욱 좋습니다.

# 16



## 배추 된장국

볶고 지지고 튀기는 화려한 음식보다 소박하지만 따뜻한 한 그릇이 더 좋을 때가 있어요. 쌀쌀한 11월 중순, 기운이 없다면 배추 된장국에 밥 말아서 한 그릇 먹고 나가 보세요. 속이 든든해야 지치지 않아요.

레시피

① 멸치 다시마 육수 1L에 된장 2T를 넣습니다. 체에 넣고 풀면 더 깔끔해요. 된장에 따라 염도가 다르니 양을 조절해 주세요.
② 양파, 대파, 버섯, 청양고추, 배추 5장을 먹기 좋은 크기로 썰어 넣습니다.
③ 다진 마늘 0.5t, 고춧가루 톡톡 넣고 끓여 주세요. 두부 넣고 한소끔 더 끓여 완성합니다.

# 13



## 더덕

더덕은 우리나라 숲에서 자라는 덩굴 식물이에요. 우리가 먹는 것은 쌉쌀한 맛이 특징인 뿌리 부분입니다. 더덕에는 인삼에도 들어 있는 사포닌 성분이 있어요. 기관지 염증 완화에 도움을 주니 기침 가래가 잦으신 분은 꼭 챙겨 드세요. 더덕과 고기를 함께 드셔도 좋습니다. 더덕은 알칼리성이고 고기는 산성이라 서로를 중화해 주거든요. 양념을 얇게 발라 구이로 먹어도 너무 맛있죠. 하지만 성질이 냉하기 때문에 속이 차가우신 분은 조금만 드시는 게 좋습니다. 더덕을 구매하실 때는 곧게 쭉 뻗어 굵직한 것으로 골라 드세요.

# 라이스페이퍼 고구마 떡

아이들을 위한 건강한 간식으로 좋은 라이스페이퍼 고구마 떡. 불이나 칼을 쓰지 않고, 만들기 어렵지 않아 아이들과 함께 만들면 재밌는 놀이가 되기도 해요. 아이가 있나면 주말에 함께 만들어 보세요.

레시피

① 잘 익은 고구마를 으깨서 준비합니다. 달달한 고구마로 만들면 설탕을 따로 넣지 않아도 됩니다.
② 생수에 라이스페이퍼를 적신 뒤, 으깬 고구마를 올리고 돌돌 말아 주세요.
③ 예쁜 색을 내고 싶다면 자색 고구마 가루, 맛있게 만들고 싶다면 콩가루를 묻혀 주세요.
④ 가위를 사용해 한입 크기로 자르면 완성!

# 양배추 스팸 덮밥

동생이 한입 먹더니 "언니, 완벽하다!"라며 극찬했어요. 자취생분들이 정말 좋아할 간단하고 맛있는 요리입니다.

레시피

① 스팸 200g을 깍뚝 썰어 노릇하게 굽습니다.

② 고추장 2t, 고춧가루 2t, 양조간장(또는 진간장) 3t, 올리고당 2t, 맛술 4t, 다진 마늘 1t, 채 썬 청양고추 2개를 섞어 양념장을 만듭니다.

③ 양배추를 채 썰고, 스팸을 구웠던 프라이팬에 넣어 볶아요. 양배추가 투명한 빛을 띠며 숨이 죽으면 양념장과 스팸을 넣어서 볶습니다. 밥에 올려서 맛있게 드세요!

# 14



## 사과 샌드위치

동네 카페 메뉴에 사과 샌드위치가 있었어요. 첫인상은 별로였지만, 인기 메뉴라는 스티커 하나에 이끌려 주문해 보았습니다. 한 입 먹어 보니 별로라고 생각한 게 미안할 정도로 맛있었어요. 사과 샌드위치 때문에 그 카페 단골이 됐답니다.

레시피

① 홀그레인 머스터드 0.5T, 마요네즈 1.5T, 꿀 1T를 넣고 섞어 소스를 만듭니다.
② 치아바타를 반 갈라서 소스를 발라 주세요.
③ 브리 치즈와 햄을 올려 주세요.
④ 사과를 얇게 잘라 올리고, 루꼴라까지 듬뿍 넣어 주면 완성입니다.

# 15



## 바지락

시원한 국물 맛이 일품인 바지락. 바지락 칼국수, 바지락 순두부찌개 등 한식뿐 아니라 바지락 술찜, 봉골레 파스타 등 양식에도 두루두루 쓰이는 활용도 높은 식재료입니다. 바지락에는 비오틴, 셀레늄 성분이 풍부하게 들어서 피부 건강에 도움이 돼요. 비오틴은 수용성이기에 국물과 함께 먹으면 흡수율이 높아집니다. 2~3월은 바지락 살이 통통하게 올라 달달한 시기이니, 2월에 꼭 바지락으로 한 끼 챙겨 드세요.

# 늙은 호박

할로윈 장식에 쓰이는 노란 호박이 바로 늙은 호박입니다. 가을 보약이라고 불리는 만큼 영양소가 풍부해요. 팥처럼 이뇨 작용과 해독 작용에 도움을 주어 붓기 제거에도 효과적입니다. 붓기가 고민이라면 호박즙, 호박죽을 꾸준히 먹어 보세요. 채 썰어서 호박전, 호박찜, 호박샐러드 등 다양하게 만들 수 있죠. 늙은 호박을 고를 때는 골이 깊고, 윤기가 돌며 껍질이 단단한 것을 고르세요. 보관 시에는 서늘하고 통풍이 잘 되는 곳에 꼭지를 아래로 가게 보관하는 것이 좋습니다.

# 조개 해감

조개 해감을 잘못하면 모래와 불순물이 씹혀 요리를 망쳐요. 불쾌한 기분은 덤이죠. 바지락도 수심이 얕은 모래와 갯벌에서 살기 때문에 해감이 필요해요. 번거로울 수 있지만, 생각보다 어렵지 않답니다.

### 조개 해감하는 법

1. 조개를 잘 씻은 후, 스텐 그릇에 넣고 바닷물과 비슷한 농도의 소금물에 담가 주세요. 물 1L에 소금 35g이 적당합니다.
2. 스텐 수저도 함께 넣어 줍니다. 해감할 때 스텐 수저 하나를 같이 넣으면 소금물과 쇠의 성분이 만나 바지락을 자극해 모래를 토해 내요.
3. 검은 비닐을 덮고 냉장실에 넣어 2~3시간 후에 깨끗이 씻어서 사용하면 됩니다.

# 12



## 팥

여름에는 빙수, 겨울에는 붕어빵. 절대 놓칠 수 없는 두 계절 별미의 생명은 바로 팥입니다. 팥은 우리도 모르는 새 일상에 스며들어 있어요. 날이 쌀쌀해지면 뜨끈한 팥 칼국수, 김이 모락모락 나는 팥 찐빵, 동지 팥죽까지! 팥은 칼륨이 풍부해 이뇨 작용에 좋으며, 체내 나트륨 배출을 돕기 때문에 붓기를 빼는 데도 도움을 받을 수 있어요. 다만 소화력이나 신장이 약하다면 주의하는 것이 좋습니다. 이맘때가 제철이니 햇팥을 즐겨 보세요. 팥 알갱이에 흰색 띠가 선명한 것이 국내산 팥입니다.

# 17



## 바지락 순두부찌개

절대 실패하지 않는 진한 맛의 바지락 순두부찌개 레시피입니다. 찌개 하나 끓여 놓고 도란도란 하루에 있었던 일을 이야기하는, 소박하지만 소박하지 않은 행복한 저녁 보내세요.

레시피

① 순두부에 소금을 뿌리고 20분 정도 둡니다.
② 식용유 1T, 참기름 1T를 두르고 대파 1T, 다진 마늘 0.5T를 넣어 풍미가 올라올 때까지 볶습니다.
③ 매운 고추참치 캔 1개(150g)를 넣고 볶다가 고춧가루 2T와 참치 캔 가득 채운 물 2캔을 넣어 주세요.
④ 물이 끓으면 먹기 좋게 썬 호박, 양파, 청양고추와 바지락을 넣고 끓입니다.
⑤ 마지막으로 순두부와 국간장 1T를 넣은 뒤 계란을 톡 까 넣습니다.

팁! 순두부에 소금을 뿌리고 20분 정도 두면 간수가 빠져요. 이렇게 하면 나중에 찌개가 싱거워지지 않고 순두부도 쫀쫀해집니다.

# 11

## 요거트 꿀 조합

요거트만큼 건강한 간식이 있을까요? 그 위에 제철 과일을 얹어 먹으면 더할 나위 없이 좋죠. 건강에 도움되는 조합으로 만들어 보세요.

* 요거트+감+견과류: 요거트와 견과류, 감을 함께 먹으면 영양학적으로 도움이 됩니다. 비타민 C와 비타민 E의 흡수율을 높여 주기 때문이에요. 여기에 견과류를 넣어 보세요. 단백질, 불포화 지방산을 더해 균형 있는 간식이 됩니다.
* 요거트+사과+꿀: 요거트에 사과를 잘게 썰어 넣으세요. 그리고 꿀을 살짝 뿌려 주면 요거트의 유산균을 더 강화시킬 수 있어요.
* 요거트+건대추: 요거트에 건대추를 넣어 먹으면 심혈관 건강, 불면증에 도움이 됩니다. 대추의 은은한 단맛이 묘한 매력이에요.

# 제철 봄나물

2월이 되면 슬슬 봄나물이 시장에 나오기 시작해요. 각자 다른 모습을 한 나물들이 잔뜩 있는 것을 보면 왠지 모르게 마음이 풍요로워요. 그 중 돌나물과 씀바귀를 소개합니다.

돌나물은 신선함이 톡톡 터지는 초록 봄나물이에요. 섬유질이 적고 수분이 많으며 특유의 풋내가 있어요. 생으로 요리에 활용할 때 식감과 매력을 가장 잘 느낄 수 있습니다. 매콤, 새콤한 양념과의 조화가 좋아요. 물김치를 담가 먹기도 합니다.

씀바귀는 이름처럼 쓴맛 뒤에 오는 단맛이 매력적인 나물이에요. 쓴맛이 강하니 무침으로 만들어 드세요. 간장으로 양념하면 쓴맛은 줄고 고소한 풍미, 단맛, 감칠맛이 상승해서 궁합이 잘 맞아요.

# 10



## 곱창 김

곱창처럼 구불구불하게 생겼다는 의미가 담긴 곱창 김. 일반 김보다 두껍고 질감이 살아 있죠. 풍미도 뛰어나요. 1년 중 한 달 정도만 생산되며, 옛날 방식의 수작업으로 작업하기 때문에 일반 김보다 두세 배 비쌉니다. 곱창 김은 원초 함유량에 따라 가격 차이가 발생해요. 일반 재래 김 함량이 많은데 곱창 김이라고 판매하는 경우도 있으니 꼭 따져 보고 구매하세요. 그냥 먹어도 김 특유의 진한 향과 거친 식감이 매력 있고, 살짝 구워서 먹으면 바삭한 식감까지 살아납니다.

2월 **19** 제철 레시피

# 냉이 김밥

냉이 김밥은 냉이 딱 하나만 들어가는 간단한 김밥이에요. '한 가지 재료로 만드는데 이렇게 맛있다고?'라는 생각이 드실 거예요. 물론 취향껏 다른 재료를 추가해서 먹어도 맛있답니다.

레시피

① 손질한 냉이를 데치고, 식혀서 물기를 꾹 짭니다.
② 연두(순)와 참기름을 넣고 조물조물 무칩니다. 연두가 없으면 참치액이나 소금으로 간을 해 주세요.
③ 김에 밥을 깔고 냉이를 올려 말아 줍니다.

팁!　일반 김밥을 만들 때도 밥에 냉이를 다져서 넣어 보세요. 밥에서 은은한 냉이 향이 나서 정말 맛있어요.

9



# 부사

가장 일반적으로 접하고 또 먹게 되는 사과 품종이 부사입니다. 국민 과일이죠. 장기간 보관 가능한 품종이기 때문에 1년 내내 만날 수 있어요. 그래서 부사가 사과 맛의 기준이 되는 것 같기도 합니다. 사과에 땅콩버터 찍어 먹어 보셨나요? 궁합이 매우 좋아요. 아침 식사로 사과만 먹기 아쉬울 때, 땅콩버터와 함께하면 든든해집니다. 사과를 보관할 때는 수분이 증발되지 않게 키친타월로 감싼 후 비닐 봉지에 넣어 냉장 보관하세요. 오랫동안 두고 먹을 수 있습니다.

# 20



## 레드향

요즘은 귤 종류가 정말 많죠. 뭐가 이렇게 많은지 생전 처음 들어 보는 귤 이름도 있고, 제일 맛있는 귤을 고르기가 어려워요. 겨울에 단 하나의 귤을 사 먹어야 한다면 저는 레드향을 추천합니다. 레드향은 한라봉에 온주밀감(서지향)을 교배해서 만든 품종이에요. 큼지막한 크기에 탱글탱글한 알갱이가 톡톡 터지는 식감! 만감류 중 가장 달다는 명성에 맞게 달콤하고 풍부한 과즙이 인상적입니다. 한 번 맛보면 다른 귤에는 눈길도 안 주게 될지도 몰라요.

# 연근 멘보샤

멘보샤는 빵 사이에 다진 새우를 끼운 중국식 튀김 요리입니다. 빵 대신 제철 연근으로 만들면 건강하고 색다른 요리가 돼요. 아삭한 연근과 부드러운 새우의 조화가 좋습니다.

레시피

① 다진 새우 400g, 후추, 계란 흰자(1개 분량), 감자 전분 1T를 넣고 섞어 새우 반죽을 만듭니다.
② 손질한 연근 200g은 두껍지 않게 썰어 주세요.
③ 봉지에 연근과 튀김가루를 조금 넣고 흔들어서 얇게 튀김가루를 입혀 줍니다. 가루를 입힌 연근과 연근 사이에 새우 반죽을 넣어 주세요.
④ 프라이팬에 기름을 넉넉하게 두르고 연근을 튀기듯 굽습니다. 칠리 소스에 찍어서 드세요.

# 제육 짜글이

제육볶음은 남자들의 소울푸드라고 하죠. 볶음보다 한 수 위인 제육 짜글이는 남편이 제철 상관없이 365일 환장하는 음식이기도 합니다. 자작자작 끓이는 요리라 고기에서 냄새가 나면 수습하기 어려워요. 오늘은 맛있고 좋은 고기로 제육 짜글이 만들어 보세요.

레시피

① 고춧가루 2.5T, 설탕 0.5T, 다진 마늘 1T, 고추장 2T, 맛술 2T, 간장 3T, 참치액 1T, 후추를 넣어 양념장을 만듭니다.
② 대패삼겹살 300g에 양념장을 넣고 10분 정도 재워 주세요.
③ 먹기 좋게 썬 두부 500g을 노릇노릇 구워 그릇에 옮겨 둡니다.
④ 프라이팬에 재워 둔 제육을 볶다가, 고기가 익으면 물 300ml를 넣고 끓여 주세요. 두부, 야채(양파, 대파), 청양고추 넣고 끓이면 완성입니다.

# 연근조림

연근 속 뮤신은 얇게 썰수록 더 많이 나와 몸에 좋습니다. 얇게 썰어 요리하면 빨리 익으면서 간도 잘 배니 더 좋아요. 아삭하고 달콤한 연근조림 레시피입니다.

레시피

① 연근 400g을 얇게 썰어 주세요.
② 냄비에 연근이 잠길 만큼 물을 넣고 식초 1t를 넣습니다. 연근이 투명해질 때까지 충분히 익혀 주세요. 다 익으면 찬물로 헹궈 식힙니다.
③ 프라이팬에 기름을 넣고 연근을 볶습니다. 흑설탕 1.5t, 간장 4t, 미림 1t, 물엿 3t, 참치액 2t와 다시마 우린 물을 자작하게 넣고 약불로 끓여 줍니다.
④ 물이 줄어들면 흑설탕 0.5t를 넣고 강불로 바꿔 색을 내 마무리합니다.

# 22



## 쑥

쑥 향을 맡으면 어릴 적 시장에서 엄마랑 장 보며 쑥떡을 사 먹었던 기억이 나요. 한국의 대표 허브로 불리는 쑥. 쑥의 독특한 향을 내는 치네올 성분은 면역력 증진, 소화, 소염에 효과가 있고 부인과 질환에도 좋아요. 어린 쑥으로 쑥버무리 만들어 먹으면 이 계절을 만끽하는 느낌입니다. 쑥을 넣은 된장국, 쑥 부침개 등 집에서도 다양하게 쑥 요리가 가능해요. 내일은 집에서 만드는 쑥떡 알려드릴게요.

6



# 연근

연꽃의 땅속 줄기인 연근. 구멍 송송 뚫린 모양에 아삭한 식감이 좋아 조림으로 많이 만들어 먹는 식재료입니다. 연근을 자르면 낫또처럼 실 같은 게 늘어져요. 위를 보호해 주는 점액질 뮤신입니다. 그래서 연근은 소화기관이 약하거나 위장 질환이 있으신 분들에게 좋아요. 기력을 회복시키는 효능도 있습니다. 신사임당을 여의고 슬픔에 빠져 있던 율곡 선생의 건강을 회복시킨 음식도 바로 연근죽이라고 합니다. 연근을 믹서에 갈거나 다져서 죽에 넣기만 하면 되니, 몸이 허할 때 흰죽 말고 연근죽으로 기력을 보충해 보세요.

# 쑥떡

향긋한 쑥 내음이 매력적인 쑥떡. 집에서 만들기 어려울 것 같지만, 쉽게 만드는 방법이 있답니다. 얼려 두었다가 출출할 때 간식으로 하나씩 꺼내 먹으면 좋아요.

레시피

① 물에 소금 1t와 씻은 쑥 300g을 넣고 삶습니다. 쑥 줄기를 손끝으로 뭉갰을 때 잘 뭉개지면 다 삶아진 거예요.
② 삶은 쑥은 찬물에 헹군 뒤, 물기를 있는 힘껏 짜서 잘게 썰어 주세요.
③ 찹쌀 200g은 씻어서 밥솥에 넣고, 손가락 두 번째 마디 깊이로 물을 넣습니다. 불리지 않고 잡곡밥 모드로 밥을 합니다.
④ 다 된 밥에 설탕 1t, 소금 0.5t와 쑥을 넣고 방망이 혹은 믹서를 이용해 떡이 될 정도로 으깨 주세요. 간을 보고 소금을 더 넣어도 좋아요.
⑤ 참기름(들기름)을 살짝 묻혀서 모양을 만들고 먹기 좋은 크기로 썹니다.

팁! 구워서 꿀 찍어 드셔도 좋고, 콩가루 묻혀서 드셔도 맛있어요.

5



## 우도 땅콩

제주도 옆의 작은 섬, 우도에 가 보신 분들은 우도 땅콩 아이스크림, 우도 땅콩 막걸리를 드셔 보셨을 거예요. 일반 땅콩이 길쭉하다면 우도 땅콩은 크기가 작고 동글동글해요. 척박한 땅에서 자라난 땅콩이라 가격이 비싸지만 일반 땅콩보다 맛이 좋습니다. 우도 땅콩은 껍질째 먹을 수 있는데 떫은맛이 적고 굉장히 고소합니다.

땅콩은 고지방, 고단백 식품으로 비타민, 무기질 등 영양 성분이 풍부해요. 공기와 오래 접촉하게 되면 기름 찌든 내가 날 수 있으니 진공 포장을 하거나 냉동 보관해서 조금씩 꺼내 드시는 것이 좋습니다.

# 간장 이야기

간장은 크게 국간장, 진간장, 양조간장으로 나뉩니다. 한식 간장 또는 조선간장이라고도 불리는 국간장은 발효된 메주를 소금물에 띄워 숙성해 만듭니다. 진간장은 국간장을 숙성해 만들어요. 조림, 볶음 등 열을 가하는 요리에 주로 사용하죠. 진간장을 만드는 데 시간이 오래 걸리기 때문에 쌀, 보리 등을 넣어 빠르게 발효시킨 간장이 양조간장입니다. 무침 요리에 많이 써요.

시중에 '진짜 진간장'이 있을까요? 5~7년 숙성시키는 동안 들이는 시간과 노력이 모두 비용이기 때문에 산분해 간장과 양조간장을 섞어 혼합간장을 만듭니다. 산분해 간장은 2~3일 만에 화학 처리를 통해 만들기 때문에 건강 측면에서 논란이 있어요. 저도 진간장보다는 국간장과 양조간장으로 요리합니다.

# 대봉감

옛날부터 과일의 왕은 감이었다는 이야기가 있습니다. 감 중에서도 왕은 대봉이라 하여 조선 시대 임금님이 즐겨 드셨다고 해요. 대봉감은 끝이 뾰족하고 길쭉하게 생겼습니다. 후숙 전에는 단단하고 떫은 감이지만 후숙하면 부드러운 속살에 달콤하고 말랑한 홍시로 변신해요. 감을 보관할 때는 서로 떨어뜨려 놓고 실온에서 보관합니다. 사과와 함께 두면 더 빨리 후숙되니, 얼른 홍시로 드시고 싶으신 분은 사과와 함께 보관하세요.

# 냉이 강된장

이맘때만 먹을 수 있는 냉이. 더 따뜻해지기 전에 부지런히 냉이 챙겨 드세요. 냉이 강된장 만들어서 밥에 쓱쓱 비벼 먹으면 기운이 번쩍 솟아납니다.

레시피

① 미지근한 물 200ml에 다시마를 15분 정도 우려내 국물을 만듭니다. 감자 반 개는 믹서에 갈아 준비해 주세요.
② 손질한 냉이 100g은 뿌리 부분을 칼등으로 으깬 뒤 아주 잘게 썰어 주세요.
③ 참기름 1T에 다진 마늘 1T, 채 썬 양파 반 개를 넣고 볶다가 양파가 투명하게 익으면 된장 2T, 고추장 1T, 맛술 1T 넣고 볶습니다.
④ 간 감자, 냉이, 다진 고추, 표고버섯 가루 1T를 넣고 빡빡하게 끓입니다.

팁!　강된장 만들 때 감자 반 개를 갈아 넣으면 짠맛이 중화되면서 저염으로 만들 수 있어요. 감자 대신 두부를 으깨서 넣어도 좋습니다.

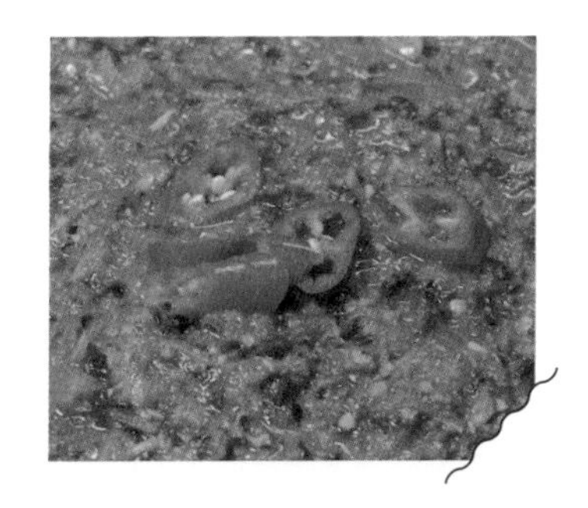

# 3



## 갓

'여수' 하면 밤바다가 떠오르시나요? 저는 여수 갓김치가 떠오릅니다. 여수 안에서도 돌산 갓이 유명하죠. 바다를 접하고 있는 여수의 해풍을 맞으며 자란 갓은 정말 일품이에요. 갓은 생육 기간이 짧은 편이라 1년에 3~5회 정도 재배할 수 있는데, 그중에서도 가을에 수확하는 갓이 품질, 맛 모두 뛰어나다고 해요. 갓은 수확하면 금방 시들어 버려서 얼른 김치로 담가 먹어야 합니다. 갓김치 볶음밥, 갓김치찌개, 갓김치 닭볶음탕 등 갓김치를 가지고 할 수 있는 요리가 다양하니, 맛있는 제철 갓 구입해 김치로 만들어 활용해 보세요.

# 26



## 한라봉

한라산을 닮아서 붙여진 이름, 한라봉. 꼭지 부분이 봉긋 솟은 것이 특징입니다. 한라봉 껍질은 항암 성분이 풍부해 건강에 좋아요. 농약 성분을 잘 제거하고 말려서 차로 드실 수 있습니다. 한라봉을 고를 때는 색깔이 진하고 밝은 것, 모양이 타원형이고 들었을 때 묵직한 것, 껍질이 매끈하고 얇은 것을 고르세요. 더 달고 과즙도 풍부할 거예요. 한라봉은 후숙 과일로 실온에 2~3일 놔두면 단맛이 더 올라옵니다. 후숙이 끝나면 냉장고에 넣어서 보관하세요.

# 홍가리비

크기는 작지만 단맛이 강해 누구나 좋아하는 홍가리비. 홍가리비의 제철은 11~2월입니다. 고성과 통영에서 많이 생산되죠. 가리비는 필수 아미노산이 풍부해 성장 발달에 도움을 주고, 나트륨을 몸 밖으로 배출하는 칼륨 성분이 풍부합니다. 홍가리비는 가격이 싼 편이에요. 짧은 시간에 키울 수 있고 생산비가 적게 들어 많은 굴 양식장이 업종을 변경했습니다. 생산량이 점차 늘고 있어 더 저렴하게 먹을 수 있게 되었답니다.

# 27



## 김치 콩나물국

연예인 장영란 씨의 김치 콩나물국 영상을 보았어요. 한 방울도 남김 없이 싹싹 드시는 걸 보고 저도 만들어 보았답니다. 포인트는 멸치 대신 파 뿌리로 내는 국물이에요. 정말 시원하고 맛있어요.

레시피

① 냄비에 물 2L와 파 뿌리를 넣고 중강불로 끓입니다. 파 뿌리가 흐물흐물해질 때까지 푹 끓여 주세요.
② 파 뿌리가 익을 동안 잘 익은 김치 200g을 꺼내 소를 칼로 긁어 내고, 먹기 좋은 크기로 썰어 주세요. 김치 국물 50ml도 준비합니다.
③ 만들어 둔 국물에 김치와 김치 국물, 고춧가루 1t, 콩나물 200g을 넣고 한소끔 끓입니다.
④ 다진 마늘 1t, 새우젓 1t를 채망에 걸러 넣어 간을 맞춥니다. 송송 썬 파를 넣고 3분 정도 더 끓이면 완성이에요.

# 오징어 비빔면

오징어볶음을 자작하게 만들어서 소면에 비벼 먹어 보세요. 정말 별미 국수랍니다. 한 번도 안 먹어 본 사람은 있어도 한 번만 먹은 사람은 없을 거예요.

레시피

① 식용유 2T에 먹기 좋게 썬 오징어 230g, 대파, 당근, 양파, 설탕 1T를 넣고 중약불로 볶아 주세요.
② 간장 1.5T, 국간장 0.5T, 고춧가루 3T, 다진 마늘 1T, 미림 2T, 고추를 넣고 볶습니다.
③ 다시마 우린 물 50ml를 넣어 마저 볶으면 자작한 오징어볶음 완성입니다.
④ 삶은 소면에 오징어볶음을 얹고, 참기름 1T를 둘러 맛있게 비벼 드세요.

# 뜻밖의 생일 선물

매년 생일에 갖고 싶은 게 있는지 물어보는 친구가 있어요. 나무로 된 주걱을 쓰다 보니 밥을 풀 때마다 덕지덕지 붙어서 불편하더라고요. 이번 생일은 주걱이 갖고 싶다고 이야기했어요. 친구는 '나 원 참, 생일 선물로 밥 주걱 갖고 싶다는 애는 또 처음이네~' 라며 당황해했죠. 새 주걱을 선물 받자마자 써 봤는데 밥알이 하나도 안 붙고, 밥을 뭉개지 않고 잘 떠 주어 감탄했답니다.

새로 산 칼갈이도 너무 좋아요. 잘 갈린 칼을 쓰니 '그동안은 요리를 어떻게 한 거지?' 싶을 정도로요. '손 다칠까봐 무섭다~' 말하면서도 입가에는 미소가 지어집니다. 일상에서 자주 쓰는 주방 아이템을 잘 골랐을 때! 삶의 질이 수직 상승하는 기분입니다.

# 11월

# 소불고기 전골

2월의 마지막 날, 가족들과 함께 모여 전골 파티 어떤가요? 남녀노소 가릴 것 없이 누구나 맛있게 먹는 달달한 소불고기 전골로 2월을 마무리해 보세요.

레시피

① 불고기용 소고기 300g에 설탕 0.5T, 매실액 1T를 먼저 버무립니다.
② 양조간장(또는 진간장) 2T, 참치액 1T, 미림 1T, 참기름 0.5T, 다진 마늘 1T, 후추를 넣고 30분 정도 재워 주세요.
③ 넉넉한 팬에 채 썬 양파 반 개, 당근 1/3개, 대파 2대, 팽이버섯 반 개, 표고버섯 3개, 청양고추 1개를 넣어 주세요.
④ 물 300ml와 채소 코인 육수 한 알을 넣습니다. 다시마 우린 육수도 좋아요.
⑤ 고기와 야채가 익을 때까지 보글보글 끓입니다. 간장이나 육수로 간을 조절해서 드세요.

# 31



## 광어

많은 사람이 즐기는 생선회의 주인공, 광어입니다. 다른 때에는 양식 광어를 먹을 수밖에 없지만, 10~1월은 자연산 광어를 드셔 보세요. 봄철 산란기를 대비해 살이 한창 올라와 있어 정말 맛있어요.

자연산 광어와 양식 광어를 구별하려면 배를 살펴보세요. 배 부분이 깨끗하다면 자연산, 얼룩덜룩하다면 양식입니다. 작은 크기보다 큰 크기의 광어가 더 맛있습니다. 올리브오일에 소금, 후추로 간을 하고 레몬즙 살짝 넣어서 광어 회 소스를 만들어 보세요. 초고추장, 쌈장과는 또 다른 매력이에요.

# 3월

# 해산물 파전

젓가락으로 쭉쭉 찢어서 초간장에 콕 찍어 먹는 파전. 바로 막걸리 한 잔으로 목을 축이는 생각만 해도 설레는데요. 파전은 위에 풍성하게 해산물을 올려야 맛있죠. 바삭바삭한 해산물 파전 만드는 방법입니다.

레시피

① 새우, 오징어를 끓는 물에 살짝 데쳐 준비합니다.
② 튀김가루와 물의 비율을 1:0.8로 맞춰 주세요.
③ 쫑쫑 썬 쪽파, 채 썬 당근, 데친 새우와 오징어를 넣고 반죽을 잘 섞습니다.
④ 프라이팬에 기름을 넉넉하게 두르고 반죽을 올려 부칩니다.
⑤ 간장 1t, 식초 1t, 물 0.5t, 고춧가루 톡톡 넣고 초간장 만들어서 찍어 드세요.

# 1



## 미나리

미나리는 3~5월에 나오는 봄 미나리가 가장 연하고 맛있어요. 특히 경상북도 청도군 화악산 자락에서 나는 한재 미나리가 유명합니다. 미나리는 물이 고인 곳에서 키우는 게 아니라, 밤에는 물을 주고 낮에 물을 빼는 방식으로 재배해요. 이렇게 키우면 미나리 향은 더 강해지고 줄기가 꽉 차게 되죠. 보통 미나리는 줄기를 여러 번 베어 서너 차례 수확하지만, 한재 미나리는 1년에 딱 한 번만 베어 냅니다. 삼겹살이랑 같이 드세요. 미나리가 체내 콜레스테롤이 쌓이지 않고 배출되게 도와줍니다. 내일은 바삭한 미나리전 레시피 알려드릴게요!

# 햇올리브오일

올리브는 스페인이 주 생산지예요. 10~11월 정도에 수확합니다. 올리브도 품종이 다양해요. 우리나라 사람들이 가장 좋아하는 품종은 피쿠알입니다. 알싸한 풀 향이 푸르른 느낌을 주죠. 저는 아르베키나를 좋아합니다. 부드럽고 산뜻해서 은은한 과일 향이 나요. 봄에 잘 어울리죠. 호지블랑카는 더운 여름 날씨 같아요. 토마토 향이 은은하게 나며 신선하고 고소합니다. 프란토이오는 가을, 겨울에 어울리는 올리브예요. 끝맛이 매캐하면서 씁쓸하고 묵직합니다.

올리브오일을 구매할 때는 엑스트라 버진 올리브오일을 구매하세요. 열을 가하지 않고 화학적 처리를 하지 않은, 처음 짜낸 올리브오일입니다. 또 언제 병에 넣었는지(유통 기한)를 확인하기보다, 언제 수확해서 만들었는지를 체크하면 좋습니다.

# 2



## 미나리전

전 구울 때마다 '나는 왜 바삭하게 안 될까?' 생각하는 분들 많으시죠? 반죽이 생각보다 묽어야 해요. 반죽 안에 재료가 얼기설기 엉킨 느낌입니다. 바삭한 전 만드는 방법 알려드릴게요.

### 레시피

① 미나리 200g, 감자 전분 1T, 튀김가루 4T, 물 4T를 섞어 반죽을 만듭니다.
② 프라이팬에 기름을 넉넉히 두르고 충분히 예열한 후 반죽을 넣습니다.
③ 곧바로 불을 낮추고 반죽을 얇게 펴 주세요. 이후에는 중강불로 부쳐야 바삭합니다. 마지막에 빵가루를 살짝 뿌리면 한층 더 바삭해져요.

# 밤

생으로 먹어도 맛있고, 삶아서 떠먹어도 맛있고, 군밤으로 먹어도 맛있는 밤. 요즘은 영화 〈리틀 포레스트〉를 보고 보니 밤을 만들어 드시는 분도 많으시더라고요. 밤은 맛뿐만 아니라 영양까지 풍부합니다. 작은 밤 한 톨 안에는 단백질, 탄수화물, 지방, 비타민과 미네랄 5대 영양소가 골고루 들어 있어요.

밤을 고를 때는 묵직한 밤을 고르세요. 표면에 구멍이 있거나, 흰 좁쌀 같은 것이 붙어 있거나, 바닥 부분이 검게 변한 밤은 피하는 것이 좋습니다. 소금물에 담가 놓으면 벌레 먹은 밤, 썩은 밤을 골라낼 수 있어요. 밤 속에 있는 벌레는 밖으로 나오고, 썩은 밤은 물 위로 둥둥 떠오르거든요. 소금물에 담가 놓으면 껍질 까기도 쉬워집니다. 다소 칼로리가 높기 때문에 적정량으로 챙겨 드세요.

# 부침가루와 튀김가루

비슷하게 쓰이는 부침가루와 튀김가루. 매번 헷갈리시죠? 기본적인 성분은 비슷합니다. 부침가루는 중력분을 사용하고, 튀김가루는 박력분을 사용하는 차이가 있어요. 중력분과 강력분의 차이는 글루텐의 함량입니다. 중력분을 사용한 부침가루는 끈기가 있어 쫀득한 식감을 내고, 박력분을 사용한 튀김가루는 글루텐 함량이 낮아 바삭한 식감을 낸답니다.

가루를 보관할 때는 지퍼백에 넣어 밀봉한 뒤 냉장고에 보관하세요. 주변의 냄새를 흡수해 기름 찌든 내나 잡내가 나는 것을 방지하고, 벌레나 이물질의 유입을 막을 수 있습니다. 다른 가루와 헷갈리지 않게 꼭 표시해 주세요.

# 송이버섯

이맘때 할아버지 집에 가면 송이버섯 국을 끓여 주셨어요. 산에서 직접 캔 거라며, 몸에 좋다고 국물까지 다 마시라고 하셨죠. 은은한 송이 향이 어찌나 좋던지! 할아버지의 마음이 담겨 더 좋았나 봅니다.

옛날부터 송이버섯은 귀한 재료 중 하나입니다. 재배가 어렵고 환경에 민감하기 때문에 가격이 비싸요. 송이버섯을 먹을 기회가 생긴다면 생으로도 드셔 보시고 굽거나 쪄서 향을 더 느껴 보세요. 경북 봉화군에서 송이 축제도 열리니, 선선한 가을날 나들이를 떠나 보는 것도 좋겠습니다.

# 만능 무침 양념장과 파채

집 나간 입맛도 돌아오게 하는 만능 무침 양념장. 상추와 햇양파에 버무려 겉절이로 먹어도 좋고, 제철 미나리무침에 넣어도 정말 맛있어요. 새콤달콤 입맛 당기는 맛이라 고기 먹을 때마다 찾게 됩니다. 부추, 깻잎, 콩나물 넣고 취향껏 만들어 드세요.

레시피

① 파채 150g은 차가운 물에 15분 정도 담가서 아리고 매운맛을 빼 줍니다.
② 파채를 건져서 키친타월로 물기를 닦습니다.
③ 설탕 1T, 고춧가루 2T, 양조간장(또는 진간장) 1T, 식초 2T, 올리고당 1T, 참기름 1T, 깨 조금을 넣고 살살 무쳐 주면 끝!

# 버섯 솥밥

은은한 버섯 향이 색다른 매력인 버섯 솥밥입니다. 건강에도 좋아요.

레시피

① 쌀 1컵을 잘 씻고 채반에 받쳐 30분 정도 마른 불림합니다.

② 냄비에 들기름 1T, 버섯 150g, 소금 2~3꼬집을 넣어 볶아 주세요.

③ 버섯을 볶던 냄비에 쌀을 넣고 30초 정도 함께 볶다가, 물 1컵과 다시마 1조각을 넣고 중불로 끓입니다.

④ 냄비 바닥을 주걱으로 훑었을 때 갈라질 정도로 물이 줄어들면 뚜껑을 닫고 약불로 줄인 후 10분 기다리세요.

⑤ 잘게 썬 부추 듬뿍, 고춧가루 1t, 설탕 1t, 양조간장(또는 진간장) 5t, 국간장 0.5t, 맛술 1t, 참기름 1t, 물 3t, 다진 마늘 1t, 다진 청양고추 1개, 깨를 섞어 양념을 만듭니다.

⑥ 10분이 지나면 밥 냄비의 불을 끄고 10분간 뜸을 들입니다. 밥이 다 되면 양념장 넣고 곱창 김에 싸 드세요.

# 대저 토마토

토마토에 소금을 뿌려 놓은 것처럼 짭짤한 토마토. 부산 대저동에서 생산되어 대저 토마토라 부릅니다. 지역 특성상 바다의 염분이 땅에 스며들어 짠맛, 신맛, 단맛이 입체적으로 조화를 이뤄요. 당도가 8브릭스 이상으로 높은 토마토에만 '대저 짭짤이 토마토'라는 명칭이 붙고, 일반적으로는 대저 토마토라고 불러요. 초록빛을 띨 땐 짭짤한 맛이 도드라지고 색이 붉어지면서 단맛이 강해진답니다. 일반적으로는 크기가 큰 과일을 좋은 품질로 쳐 주지만, 대저 토마토는 크기가 작을수록 좋은 과일로 칩니다.

# 국내산 연어

'연어는 다 노르웨이산이 아니었나? 국내산 연어가 있어?'라고 생각하셨죠? 10월 말은 국내산 연어의 제철입니다. 기간이 짧고 어획량이 많지 않아 귀해요. 국내산 연어는 노르웨이산 연어에 비해 지방 함량이 적어 담백해요. 식감이 쫀득하고 신선도도 훨씬 좋습니다.

다만 국내산 연어 어획량에 비해 연어 수요가 높다 보니 현재 연어 공급은 수입에 의존하고 있는 실정입니다. 많은 지역에서 국내산 연어 양식 산업 구축을 위해 애를 쓰고 있어요. 국내산 연어는 비싼 항공 운송 비용이 들지 않아 가격도 훨씬 저렴합니다. 마트에 국내산 연어가 보인다면 놓치지 마세요.

# 토마토 마리네이드

처음 토마토 마리네이드를 먹었을 때 두 눈이 휘둥그레 커졌어요. 토마토를 가장 매력적으로 변신시키는 레시피가 아닐까 싶어요. 안 먹어 보셨다면 꼭 한번 만들어 보세요.

레시피

① 대저 토마토 4개의 꼭지를 제거하고, 그 자리에 십자 모양으로 칼집을 냅니다.
② 끓는 물에 30초 정도 데친 후, 차가운 물에 옮겨 담아 껍질을 살살 벗겨 주세요.
③ 올리브오일 4T, 레몬즙 2T, 발사믹 2T, 꿀 2T, 소금 약간, 후추 약간, 바질, 다진 양파를 넣고 버무립니다.
④ 냉장고에서 반나절 숙성시킨 후 드세요. 중간중간 토마토를 한 번씩 뒤집으면 소스가 더 잘 배어요.

팁! 토마토를 절이고 남은 소스는 샐러드에 뿌려 먹어도 맛있어요.

# 진미채

달콤해서 아이들에게도 인기가 많은 진미채. 시중에 알려진 진미채를 딱딱하지 않게 만드는 방법을 전부 시도해 보았어요. 그중 가장 부드럽고 맛있게 만들어진 진미채 레시피입니다. 냉장고에 넣어도 딱딱해지지 않고 맛있어요.

레시피

① 오징어채 200g을 가위로 먹기 좋게 잘라 주세요.
② 자른 오징어채를 물에 한 번 헹군 뒤, 물기를 닦고 마요네즈 1T를 넣어 버무립니다.
③ 프라이팬에 고춧가루 1T, 간장 2T, 맛술 1T, 고추장 2T, 물엿 3T, 꽈리고추를 넣고 바글바글 끓여 주세요.
④ 소스가 한 김 식어 따뜻한 정도일 때 오징어채를 넣고 버무립니다.

## 삼겹살에도 제철이 있을까?

삼겹살을 먹을 때 보통 파채, 콩나물, 버섯 등 다양하게 곁들여서 구워 먹죠. 그런데 미나리가 나오는 철이면 그 어떤 것도 미나리를 이길 수 없어요. 미나리와 함께 삼겹살 세 배 더 맛있게 먹는 법 알려드립니다.

* 삼겹살 구울 때 미나리를 통으로 삼겹살 위에 올려 향을 입혀 주세요. 먹기 좋은 크기로 잘라 같이 구워 드세요.
* 생 미나리 하나를 집어서 삼겹살을 돌돌 말아 같이 싸 먹어요. 느끼함을 싹 잡아 주는 미나리 쌈이에요.
* 삼겹살 굽고 남은 기름에 김치를 굽고, 밥, 쌈장 0.5T, 쫑쫑 썬 미나리를 넣어 볶음밥을 만들어 먹어요.

# 마트에서 사지 않는 식재료

저는 마트에서 다진 마늘을 사지 않아요. 다진 마늘 제품과 직접 다진 마늘의 맛은 정말 다르답니다. 이왕이면 마늘을 조금씩 다져서 사용해요. 밀폐 용기에 설탕을 조금 뿌리고, 키친타월을 깐 뒤 생마늘을 넣으면 오래 보관할 수 있습니다. 그때그때 꺼내 칼로 다져서 써도 좋고, 한두 주먹씩 다지기로 다져서 2~3일씩 써도 좋습니다.

깐 양파, 자른 대파, 깐 쪽파 등도 잘 구매하지 않습니다. 요리가 훨씬 편해지긴 하지만 가격이 비싸고, 오래가지 못해요. 그래서 조금 번거롭더라도 직접 손질해요. 장 본 날 한 번에 해 놓으면 그리 어렵지 않습니다.

# 8



## 초벌 부추

부추를 구운 것도 아닌데 웬 초벌 부추냐고요? 초벌 부추는 추운 겨울을 지나 언 땅을 처음 뚫고 올라온 부추입니다. 길이가 일반 부추보다 짧아요. 뿌리 부분이 보랏빛을 띠고 있죠. 봄의 보약이라고 불릴 만큼 원기 회복에 좋고 영양 만점입니다. 옛날에는 초벌 부추는 사위도 안 준다는 말이 있을 만큼 귀하게 여겼다고 해요. 초벌 부추가 보인다면 무조건 장바구니에 담아 오세요.

# 단무지무침

추억의 음식이 있으세요? 어릴 적 할머니가 며칠간 저희를 보살펴 주셨을 때 처음 단무지무침을 먹어 봤어요. 반찬으로 먹는 단무지가 신기했던 기억입니다. 단무지무침을 보면 할머니 생각이 나요. 김밥 만들고 단무지가 남았을 때 단무지무침을 만들어 보세요. 짜장밥이나 카레를 먹을 때 함께 먹어도 맛있답니다.

레시피

① 단무지 150g의 물기를 짜 주세요.

② 고운 고춧가루 2t, 간장 0.5t, 참기름 1t, 통깨 1t, 다진 마늘 0.5t, 쪽파 조금 넣고 무쳐 줍니다.

# 무수분 야채찜

찜기와 물 없이 만드는 건강한 무수분 야채찜. 무수분이기 때문에 영양소가 물에 빠져나가는 것을 최소화해서 재료 본연의 맛을 느낄 수 있어요. 고기는 종류 상관없이 얇은 고기는 다 가능합니다.

레시피

① 좋아하는 야채나 냉장고에 남아 있는 자투리 야채를 모두 꺼내 먹기 좋게 썰어 주세요.
② 열 보존이 잘 되는 두꺼운 냄비나 프라이팬을 꺼냅니다. 무수분이기 때문에 얇은 냄비는 탈 수 있어요.
③ 아래쪽에는 수분이 많은 야채(숙주, 배추)를 깔고, 그 위에 나머지 야채(버섯, 부추, 애호박, 당근), 그리고 제일 위에 고기를 올려 주세요.
④ 미림 1T를 넣고 뚜껑을 닫아 중약불로 10~13분 정도 익혀 주세요. 고기가 익으면 완성!

# 꽁치

가을이 되면서 지방을 축적한 꽁치는 10월 이후로 가장 맛있습니다. 여름 꽁치는 지방 함량이 낮아요. 꽁치는 오메가 3가 풍부해서 혈관 건강에도 좋고, 칼슘과 비타민 D도 섭취할 수 있기 때문에 현대인들의 부족한 영양소를 채우기 좋아요. 꽁치는 비늘과 내장을 제거하고 쌀뜨물에 잠시 담가 놓으면 비린내를 잡을 수 있습니다.

꽁치구이, 꽁치조림, 꽁치 김치찌개…. 어떤 요리를 좋아하세요? 제주도에서 꽁치를 통으로 넣은 김밥을 먹은 적이 있는데, 색다르더라고요. 제철에는 통조림 꽁치 말고 생물 꽁치로 요리해 보세요.

# 야채찜과 어울리는 샤브샤브 소스

야채찜은 그냥 먹어도 담백하고 맛있지만, 소스에 콕 찍어 먹어야 더 맛있죠. 야채찜과 함께 먹으면 어울리는 소스 레시피입니다. 취향껏 골라서 드세요.

레시피

① 간장 소스: 다진 파 1t, 고춧가루 1t, 간장 2t, 매실액 1t, 식초 1t, 올리고당 1t, 다진 고추 조금

② 참깨 소스: 깨소금 2t, 올리고당 1.5t, 식초 1t, 간장 1t, 맛술 1t, 참기름 1t, 마요네즈 1t

③ 땅콩버터 소스: 땅콩버터 2t, 올리고당 1t, 간장 1t, 식초 1t, 연겨자 손톱만큼

# 감

아삭아삭한 단감, 부드러운 홍시, 쫀득한 맛의 곶감까지. 감의 시간이 익어 갈수록 저의 행복도 깊어져 갑니다. 감 중 가장 먼저 만날 수 있는 품종은 태추 단감이에요. 배처럼 아삭아삭한 식감을 가지고 있고 당도가 높아요. 껍질이 푸르스름한 색을 띨 때 가장 맛있습니다. 가장 대중적인 단감은 부유 단감입니다. 부드럽고 달콤하며 오래 저장하기 좋아요.

감은 껍질째 드세요. 강력한 항산화 성분인 페놀이 감의 껍질에 많습니다. 잘게 썰어서 요거트에 넣고, 견과류를 토핑으로 올려 먹으면 궁합이 좋습니다.

# 부추 크림 파스타

제철 부추로 느끼함을 잡은 크림 파스타 레시피입니다. 프라이팬 하나로 만드는 원팬 파스타는 편한 것도 있지만, 면의 전분기를 고스란히 소스에 녹일 수 있어 생크림 없이도 꾸덕꾸덕해요.

레시피

① 파스타 면 100g을 끓는 물에 8분간 삶습니다.
② 프라이팬에 가염버터 20g, 마늘 5알, 채 썬 양파 1/4개, 자른 베이컨 5줄(110g)을 넣고 노릇노릇 구워 주세요.
③ 적당히 구워지면 물 400ml, 우유 300ml, 익은 파스타 면을 넣습니다. 체다 치즈 2장도 넣어 중간중간 저으며 중강불로 끓여 주세요.
④ 소스가 줄어든 게 보이면 치킨스톡으로 간을 맞추고, 페퍼론치노를 조금 넣습니다.
⑤ 소스가 꾸덕해지면 불을 끄고 짧게 썬 부추를 넣어 주세요. 후추로 마무리합니다.

# 샤브샤브

날이 서늘해지면 특히 맛있는 샤브샤브! 좋아하는 야채를 잔뜩 넣고, 부족하다면 사리 넣어 먹어도 맛있죠. 국물을 조금 남겨서 죽까지 만들어 먹으면 속이 든든합니다.

레시피

① 물 1.5L에 다시마를 넣고 30분 우려 주세요.
② 다시마 물에 육수용 멸치 10마리와 무를 넣고 끓입니다. 물이 끓으면 불을 끄고 다시마를 뺀 뒤, 참치액 2T, 맛술 1T 넣으면 육수 완성이에요.
③ 육수 4t, 양조간장(또는 진간장) 3t, 설탕 1t, 식초 1t, 연겨자 조금, 다진 고추를 넣어 기본 소스를 만듭니다.
④ 육수에 버섯, 청경채, 숙주, 당근, 배추 등 취향껏 야채와 고기를 넣고 소스에 찍어서 드시면 됩니다.

팁! 육수 4t, 간장 3t, 유자청 2t, 레몬즙 1t를 섞어 유자 폰즈 소스를 만들어 먹어도 좋아요.

# 12



## 머위

한국의 허브라고 불리는 머위. 은은한 쓴맛이 봄철 입맛을 돋워 줍니다. 머위는 칼슘이 많아 뼈 건강에 도움을 줘요. 들기름이나 들깻가루를 넣어 요리해 보세요. 고소한 풍미가 상승하고, 영양학적으로도 좋습니다. 이른 봄에는 연한 잎을 주로 먹는데, 쌈밥으로 만들어 도시락 메뉴에 넣어도 좋아요. 잎을 쓰고 남은 줄기로는 장아찌를 만들어도 맛있어요.

# 18

## 호두

좋은 농산물을 구하기 위해 농가로 지방 출장을 자주 다니는데, 남편은 출장 때마다 꼭 휴게소에 들러 갓 나온 호두과자에 뜨거운 아메리카노를 먹어요. 특히 가평 휴게소를 좋아하는데, 가평 잣이 들어간 호두과자가 있기 때문이랍니다. 잣과 호두의 조합이 좋다나요.

대중적으로는 천안 호두가 유명하죠. 천안에는 호두 농가가 많습니다. 배수가 잘 되는 땅 특성으로 호두가 자라기 좋은 환경이에요. 딱딱한 껍질 속에 담긴 호두는 뇌 모양을 닮았죠. 실제로 불포화 지방산이 많아 뇌 건강에 도움을 줍니다. 생으로 먹으면 떫은맛이 날 수 있어 살짝 구워서 드시는 게 좋아요. 떫은맛은 사라지고 고소함이 올라옵니다. 칼로리가 높기 때문에 너무 많이 먹지 않는 게 좋습니다.

# 13



## 버섯 세척

'버섯은 물에 씻으면 영양소가 다 빠져나간다던데?' 이런 이야기 들어본 적 있으시죠? 이런 말 때문에 버섯을 씻어야 하나 말아야 하나 고민하게 됩니다. 버섯은 대야에 물을 받고 가볍게 살살 흔들었다가 건져주세요. 짧은 시간 세척하는 건 영양소가 크게 파괴되지 않습니다. 농촌진흥청에서도 가볍게 씻으라고 권고하고 있어요. 수확 후 유통 과정에서 이런저런 이물질이 묻을 수 있기 때문입니다. 올바른 세척법으로 건강하고 맛있게 즐겨요!

# 얼갈이배추

속이 꽉 차지 않은 얼갈이배추는 그냥 배추와는 또 다른 매력이죠. 얼갈이배추로 된장국 끓여서 아침 드시고 가세요. 점심에는 나물로 조물조물 무쳐서 비빔밥에 넣어 먹어도 좋고요. 저녁은 수육을 만들고 얼갈이 겉절이 해서 먹으면 어떨까요? 야식으로는 얼갈이배추전 만들어서 막걸리 한잔 하세요. 얼갈이배추 하나만으로도 무궁무진한 요리가 탄생합니다. 얼갈이배추를 구입할 때는 줄기가 연하고 가늘지만 탄탄한 것, 잎은 진한 녹색을 띠는 것을 고르는 게 좋아요.

# 쪽파

쪽파는 봄과 가을, 두 번 제철을 맞습니다. 겨울을 이겨 내고 봄의 온기를 받은 봄 쪽파는 알뿌리가 작고 연해요. 가을 쪽파보다 매운맛이 덜하고 은은한 단맛이 도는 게 특징이죠. 고명으로 쓰기보다는 파전 혹은 파김치로 만들거나 무침으로 먹기에 좋습니다.

쪽파 보관법 (냉장)

1. 쪽파를 깨끗이 세척 후 물기를 꼼꼼하게 제거해 뿌리 부분과 잎부분으로 반을 자릅니다.
2. 키친타월을 깔고 쪽파를 깔아 주세요. 뿌리 부분과 잎 부분을 번갈아 깐 후 김밥 말듯이 키친타월로 돌돌 말아 주세요.
3. 그대로 지퍼백에 넣고 공기를 최대한 빼서 냉장고에 보관하면 오래 보관이 가능합니다.

# 맛있는 배 고르는 법

배를 샀는데 단맛이 하나도 없고 퍼석해 곤란한 적 있으셨나요? 맛있는 배를 고르려면 가로로 뚱뚱한 배를 고르세요. 배는 씨가 있는 중간 부분은 신맛이 나고 껍질로 갈수록 단맛이 많이 나기 때문입니다. 배의 표면에 하얀 점이 빼곡하게 많은 것은 피하세요. 배의 수분이 증발해서 생긴 것으로, 식감이 퍼석하고 당도가 떨어집니다.

저는 가을 등산을 좋아하는데, 산 정상에서 먹는 배는 진짜 꿀맛이에요. 배의 달콤한 과즙이 가을 등산을 더 행복하게 만듭니다.

# 쪽파 샌드위치

쪽파와 샌드위치는 썩 어울리지 않는 조합 같지만, 먹는 순간 '어랏?' 하는 표정을 짓게 됩니다. 쪽파는 무조건 듬뿍 넣는 게 맛있습니다. 포인트가 되는 쪽파의 달큰한 맛, 거기에 매콤한 소스까지! 중독성 있는 맛이에요.

레시피

① 기름 아주 살짝 두르고 잘게 썬 쪽파를 익혀 주세요. 한쪽에 계란프라이도 해 줍니다.
② 마요네즈 2T, 올리고당 0.5T, 스리라차 1T를 넣고 섞어 소스를 만듭니다.
③ 식빵에 소스를 바르고, 햄, 치즈, 계란, 쪽파를 올린 뒤 식빵으로 덮으면 완성입니다.

# 배

배도 여러 가지 품종이 있다는 사실, 알고 계셨나요? 8월에 나오는 원황배는 햇배라고도 불립니다. 수분이 많고 새콤달콤한 맛이 나며 부드럽습니다. 9월에 만나는 화산배는 향이 좋아요. 아삭한 식감이 매력적입니다. 추황배는 껍질이 지저분한 모양이고 예쁘지 않아요. 하지만 당도가 높고 맛이 좋아 마니아 층이 두텁습니다. 대중적으로 재배되며 인기가 많은 신고배는 크기가 크고 과육이 부드러우며 과즙도 풍부해요. 오래 보관할 수 있어 후숙할수록 달아진답니다. 시기별로 제철 품종 배를 맛보는 것도 계절을 만끽하는 재미 중 하나랍니다.

# 쪽파 김무침

신박한 밥도둑, 쪽파 김무침입니다. 동생이 집에 놀러 왔을 때 해 줬는데 너무 맛있다며 남은 음식을 몽땅 싸 갔어요. 재료는 간단해도 맛이 정말 좋답니다.

레시피

① 손질한 쪽파 150g 중 흰 부분을 끓는 물에 먼저 넣고, 10초 후에 초록 부분도 넣습니다. 봉긋해지면 바로 꺼내 찬물에 헹구고 물기를 짭니다.
② 준비한 김은 봉지에 넣고 부숩니다. 눅눅하고 오래된 김은 마른 팬에 살짝 구우면 잘 부서져요.
③ 빈 그릇에 다진 마늘 0.5t, 설탕 0.5t, 참치액 1t, 양조간장(또는 진간장) 1t, 매실액 1t, 참기름 2t, 깨소금을 듬뿍 넣어 양념을 준비합니다.
④ 쪽파에 양념을 버무려 주세요. 마지막으로 김을 넣고 살짝 버무리면 끝입니다.

# 사과

6월 싱그러운 초록빛의 아오리 사과로 시작되는 사과 수확은 9~11월에 제철을 맞이합니다. 시기별로 다양한 품종을 만날 수 있어요. 추석에 나오는 햇사과 홍로는 새콤한 맛과 단맛의 밸런스가 좋죠. 큰 사과들은 제사상에 올리고 선물로도 많이 주고받습니다. 10월이 되면 미식가들이 최고로 꼽는 품종, 감홍이 나옵니다. 묵직한 단맛, 진한 사과의 향, 풍부한 과즙이 일품이에요. 11월엔 고급스러운 향에 당도가 높은 시나노골드가 나옵니다. 12월이 되면 우리에게 가장 익숙한 부사 시즌입니다. 대중적으로 인기가 많은 품종이죠. 오래 보관할 수 있어 박스째로 사서 드시는 분들이 많아요.

# 두부와 두부부침

찌개에도 넣어 먹고, 구워도 먹고 간편하게 먹기 좋은 두부. 두부를 고를 때는 수입 콩보다는 국산 콩을 고르세요. 수입 콩은 GMO(유전자 변형 농수산물)일 수 있습니다. 소포제, 유화제 등 첨가물이 들지 않은 것을 고르는 게 좋아요.

그냥 구워 먹어도 고소하고 맛있는 두부이지만, 더 바삭하게 굽는 방법이 있습니다. 두부를 전자레인지에 2~3분 정도 돌린 뒤 키친타월로 물기를 닦아 주세요. 그 다음에 두부를 부치면 두부 안에 있는 수분이 빠져서 짧은 시간에 훨씬 바삭하게 구울 수 있답니다.

# 밥 맛있게 짓는 방법

쌀을 처음 씻는 물은 수돗물보다 정수된 물이 좋아요. 쌀겨 냄새가 밸 수 있기 때문에 첫물은 빠르게 버립니다. 두 번째 물로는 가볍게 3~4회 저어 씻은 뒤 버려 주세요.

쌀을 불려서 밥을 지어도 좋아요. 쌀을 불릴 때는 찬물에 담가야 합니다. 따뜻한 물로 불리면 쌀 표면이 익을 수 있어 안쪽까지 물이 스며들지 않아요.

묵은 쌀로 밥을 지어야 한다면, 밥을 지을 때 다시마를 2~3조각 넣고 청주나 식용유를 3~4방울 떨어뜨려 보세요. 햅쌀처럼 윤기가 흐르고 냄새가 좋아져요.

# 황금 비율 계란찜

계란찜은 대단히 어려운 음식은 아니라고 생각했는데, 자꾸 실패하는 거예요. 그래서 수십 번 만들어 보고 저만의 황금 비율 공식을 만들었습니다. 전자레인지로 쉽게 만들어 보세요.

레시피

① 계란 1개에 미지근한 물 65ml의 비율로 계란물을 만듭니다. 일회용 소주잔 1잔이면 딱 맞아요.

② 소금, 새우젓, 참치액, 연두, 쯔유 중 취향껏 선택해 간을 합니다. 밖에서 파는 맛을 내고 싶다면 다시다와 맛소금을 섞어 넣으면 됩니다.

③ 계란물을 잘 섞고, 전자레인지 전용 그릇에 담아 뚜껑을 닫고 돌려 주세요. 700w 기준으로 계란 2개는 4분, 3개는 5분 30초, 4개는 7분이 적당합니다.

④ 마지막으로 참기름을 조금 넣으면 비린내도 잡고 고소해요.

# 연어 솥밥

전기밥솥으로 하는 밥은 찰기가 있고 쫀득해서 맛있다면, 솥밥은 고슬고슬한 누룽지 향이 매력적이에요. 기본 솥밥만 할 줄 알면 여러 가지 변형이 가능하답니다.

레시피

① 쌀 1컵을 잘 씻고 채반에 받쳐 30분 정도 마른 불림합니다.
② 냄비에 물 1컵과 쌀을 넣고 어간장 0.5T, 맛술 1T, 다시마 1조각을 넣어 중불로 끓여 주세요.
③ 냄비 바닥을 주걱으로 훑었을 때 갈라질 정도로 물이 줄어들면 뚜껑을 닫습니다. 약불로 줄인 후 10분 기다리세요.
④ 그사이 프라이팬에 기름을 두르고 연어를 노릇하게 굽습니다.
⑤ 10분 후 밥 냄비 뚜껑을 열고 연어, 쪽파를 올려 뚜껑을 닫아 주세요. 불을 끄고 10분 뜸 들입니다. 완성되면 연어와 밥을 잘 섞어서 드세요.

# 쪽파 냉동 보관

파는 냉동 보관을 잘못하면 얼음처럼 뭉쳐서 떼지지도 않고 사용하기가 어려워요. 뭉치지 않고 요리할 때 하나씩 빼서 유용하게 사용할 수 있는 쪽파 냉동 보관법입니다. 쪽파뿐 아니라 대파 등 다른 야채를 냉동 보관할 때도 활용할 수 있는 방법이에요.

쪽파 냉동 보관법

1. 깨끗하게 씻은 쪽파의 물기를 키친타월로 잘 제거해 주세요. 물기 제거가 중요합니다.
2. 쫑쫑 썰어 지퍼백에 여유 공간을 두고 넣어 주세요. 이때, '공기를 빼지 않은 상태'에서 지퍼백을 닫고 냉동실에 넣어 주세요.
3. 약 2시간 뒤에 꺼내 보면 살짝 얼어 있는데, 그 상태에서 지퍼백을 한 번 흔든 뒤 다시 냉동실에 넣어 주세요.
4. 완전히 얼면 다시 흔들어서 알알이 흩어지게 한 뒤 공기를 빼 주세요.

# 11



## 생강

요리에 많이씩 쓰이진 않지만 빠지면 너무 허전한 생강. 특유의 향으로 여러 레시피의 킥이 되기도 해요. 기침, 가래에 좋아 따뜻한 차로 만들어 먹으면 겨울철 상비약이 됩니다. 갓 수확한 햇생강은 수분이 남아 있어 칼이나 숟가락으로 긁거나, 양파망에 넣어 문지르며 씻으면 껍질이 쉽게 벗겨집니다. 제철에 구매한 햇생강으로 생강청을 담가 두었다가 겨울에 면역력이 떨어졌을 때, 감기에 걸렸을 때 생강차 만들어 먹으면 한결 나아집니다.

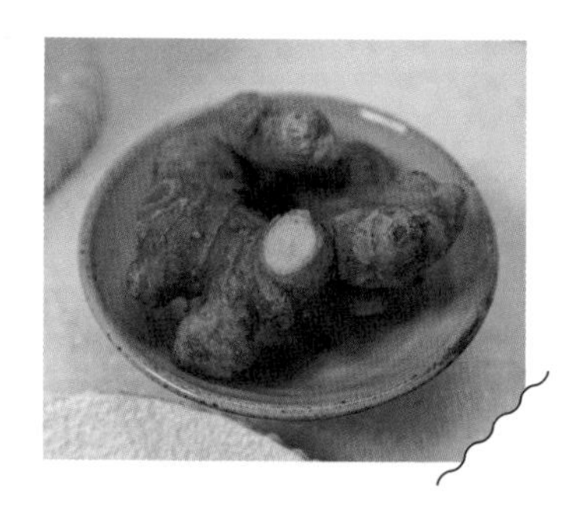

# 맛있는 소고기 고르는 법

소고기는 근내지방도, 육색, 지방색, 조직감, 성숙도에 따라서 1++, 1+, 1, 2, 3등급으로 나뉘어요. 맛있는 소고기를 먹고 싶은 날, 축하할 일이 있는 날, 기력 보충이 필요한 날엔 큰 마음먹고 '투뿔(1++)'을 장바구니에 담죠.

그런데 투뿔이라고 다 같은 투뿔이 아닌 거 알고 계셨나요? 등급 옆에 있는 숫자를 꼭 보세요. 1등급부터 9등급까지 있는데, 투뿔은 그 중 7~9등급 안에 있습니다. 7등급 투뿔보다 9등급 투뿔이 더 좋아요. 9등급이 가장 좋은 한우 등급입니다.

# 10



## 상추 비빔밥

고기 먹고 상추가 애매하게 남은 날이면 상추 비빔밥을 만들어요. 여러 가지 채소들을 볶거나 찔 필요 없이, 상추 하나만 있어도 맛있는 비빔밥을 만들 수 있답니다.

레시피 (2인분 기준)

① 상추 10장을 먹기 좋은 크기로 자르고 고춧가루 3t, 설탕 1t, 양조간장(또는 진간장) 4t, 참기름 1t, 다진 마늘 1t를 넣어 무쳐 주세요.

② 밥 위에 기름기를 뺀 참치와 쫑쫑 썬 오이고추를 올리고, 계란프라이와 무친 상추까지 올려 비비면 완성입니다.

# 21



## 톳

바다의 불로초라고 불리는 톳. 톡톡 터지는 식감이 매력적인 톳은 제철인 지금만 생으로 먹을 수 있어요. 제철이 지나면 건조 톳으로 먹어야 합니다. 식량이 부족했던 과거 보릿고개 시절에는 밥에 톳을 넣어 톳밥을 많이 먹었다고 해요. 칼슘과 철분이 풍부해서 영양학적으로도 좋습니다. 두부와 함께 무치면 담백한 반찬이 되고, 새콤달콤한 고추장 양념으로 무치면 입맛을 돋우는 반찬이 됩니다. 톳 김밥은 완전 별미예요.

# 9



## 상추

쌈 채소의 대명사 상추. 상추 쌈에 고기 한 점 싸서 먹으면 힘이 불끈 납니다. 서늘한 기후를 좋아하는 상추는 가을에 수확한 것이 봄, 여름 상추에 비해 잎이 두껍고 아삭해 맛있어요. 더운 날씨에는 꽃대가 빨리 자라 수확을 많이 할 수도 없고요. 상추는 비타민과 무기질이 풍부해 빈혈 예방에 좋습니다. 상추 줄기를 똑 잘라 보면 나오는 우윳빛 액체는 신경 안정과 숙면 효과가 있다고 합니다. 베란다 텃밭에서도 잘 자라니, 작은 텃밭에 도전해 보세요.

3월 **22**

# 비엔나소시지구이

아이들도 정말 좋아하는 비엔나소시지! 소시지 야채볶음을 만들어도 맛있고, 칼집을 내 문어 모양으로 구워도 귀여운 반찬이에요. 비엔나소시지는 기름에 바로 굽기보다 물을 살짝 넣어 익혀 보세요. 육즙 가득 톡톡 터지는 비엔나소시지가 완성돼요.

레시피

① 프라이팬에 소시지를 넣고, 소시지가 반 정도 잠기게 물을 넣어 주세요. 강불로 끓입니다.
② 물이 증발하면 불을 살짝 줄이고 기름을 소량 넣어 구워 주세요.

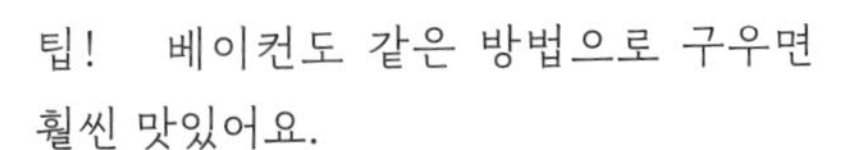

팁! 베이컨도 같은 방법으로 구우면 훨씬 맛있어요.

# 아욱

중국에서 아욱은 채소의 왕이라고 불립니다. 우리나라에서도 '가을 아욱국은 사립문 닫고 먹는다'라는 말이 있어요. 아욱에는 단백질과 칼슘 그리고 식이섬유가 풍부해요. 가을이 되면 맛과 영양이 절정에 오르죠. 아욱을 고를 때는 연한 잎으로 고르세요. 특유의 풋내는 쌀뜨물로 요리하면 잡을 수 있어요. 쌀쌀해진 날씨, 저녁으로 속이 뜨끈해지는 아욱 된장국 어떤가요? 보리 새우도 함께 넣어 보세요. 단백질과 감칠맛을 채워 주는 최고의 궁합입니다.

# 금태

생선 중에도 가장 비싸 에르메스 생선이라 불리는 금태. 연예인 유재석 씨가 어느 프로그램에서 지금까지 먹어 본 생선 가운데 단연코 일등이라고 극찬을 아끼지 않았던 생선이기도 합니다. 먹어 보면 정말 그 극찬에 고개가 끄덕여져요. 촉촉한 속살에 풍부한 육즙, 고소한 기름 맛이 너무 감동적이라 젓가락을 가져갈 때마다 줄어드는 금태를 보면 아쉽더라고요. 금태는 3~6월이 제철입니다. 7~10월은 산란기라 맛이 떨어지고, 날이 추워지면 가격이 비싸져요. 솥밥 만들 때 금태를 활용해 보세요. 톳을 함께 넣고 만들면 정말 맛있어요!

# 낙지볶음

쫄깃하고 탱글한 식감이 좋은 낙지볶음. 자칫 잘못 만들면 물이 흥건해져서 양념이 겉돌고, 낙지는 질겨지기 쉽습니다. 낙지를 무수분으로 익히면 훨씬 맛있는 낙지볶음을 만들 수 있어요.

레시피

① 달궈진 프라이팬에 낙지 머리와 미림을 넣고 뚜껑을 닫았다가, 30초 후 다리를 넣고 다시 뚜껑을 닫습니다. 색이 변하면 바로 꺼내 차가운 얼음물에서 열기를 빼 주세요.
② 식힌 낙지를 채반에 받쳐 물기를 제거하고, 먹기 좋은 크기로 자릅니다.
③ 고춧가루 2.5T, 다진 마늘 1T, 간장 1.5T, 맛술 1.5T, 식용유 1.5T, 굴소스 1T, 물엿 1T, 고추장 1T, 후춧가루를 넣어 양념장을 만듭니다.
④ 양념을 냄비에 넣고 약한 불에 살짝 끓이다가 야채를 넣고 강불에 볶아요.
⑤ 양파가 투명하게 변할 때쯤 낙지를 넣어서 빠르게 볶아 줍니다.

# 24



## 생채소 김밥

텔레비전 예능 프로그램 〈서진이네〉에 소개됐던 생채소 김밥. 일반 김밥보다 가볍고 신선해서 맛있어요. 방송 레시피에 들어간 고수 대신 초벌 부추를 넣었습니다. 쌈장마요 소스도 콕 찍어서 드셔 보세요.

레시피

① 오이를 채 썹니다. 오이 심지는 물이 생기기 쉬우니, 심지는 빼고 썰어 주세요. 씻은 상추, 채 썬 당근, 단무지, 유부도 준비합니다.
② 밥에 참기름과 깨를 넣어 간을 맞춰 주세요.
③ 김 위에 밥을 얇게 깔고, 그 위에 김 반 장과 상추를 올립니다.
④ 단무지를 벽처럼 얹어 중심을 잡아 준 후 채 썬 당근과 오이, 유부, 초벌 부추를 올려 잘 말아 주세요.
⑤ 쌈장, 마요네즈, 레몬즙을 1:1:0.5의 비율로 섞어 쌈장마요 소스를 만듭니다. 레몬즙 양은 취향에 따라 조절해도 좋아요.

# 돌덩이 멸치볶음

어릴 때부터 딱딱한 멸치볶음을 먹고 자란 경험이 있어서인지, 돌덩이처럼 굳은 멸치볶음의 바삭함을 좋아하시는 분들이 많더라고요. 추억의 바삭하고 딱딱한 멸치볶음 만들어 보세요.

레시피

① 프라이팬에 기름 2t와 마늘 슬라이스를 넣고 볶다가 멸치 50g, 청양고추 반 개를 넣고 약불에서 7~8분 정도 볶습니다. 덜 볶으면 촉촉하고, 오랜 시간 볶으면 더 바삭해져요.

② 뜨거울 때 설탕 1t를 넣으면 바삭한 식감을, 물엿 3t를 넣으면 돌덩이처럼 뭉쳐진 딱딱한 식감을 낼 수 있습니다. 취향에 맞추어 만들어 드세요.

# 돌나물

입맛을 돋운다 해서 돈나물로 불리기도 하고, 돌에서 나는 채소라서 돌나물이라고도 불립니다. 손질이 간편해서 쉽게 먹을 수 있는 나물이에요. 보통 초고추장과 함께 먹고, 물김치로 담가서 별미로 드시는 분들도 있어요. 저는 샐러드 혹은 냉 파스타에 넣어 먹습니다. 모양이 예뻐 플레이팅하기에도 좋고, 아삭아삭한 식감이 파스타와 참 잘 어울려요. 손질법도 쉬워 간단하게 해 먹기 좋은 돌나물. 봄에 어울리는 상큼한 나물로 에너지 충전해 보세요.

# 낙지

가을 낙지는 추운 겨울을 나기 위해 영양분을 축적해요. 크기가 커지고 살이 통통하게 올라 맛이 좋습니다. 낙지의 영양가를 표현하는 옛말이 많죠. '뻘 속의 산삼'이나 '낙지 한 마리가 인삼 한 근과 맞먹는다'라는 말이 있고요. 《자산어보》에는 소에게 낙지 서너 마리를 먹였더니 거뜬히 일어났다고 적혀 있기도 합니다. 낙지는 타우린과 단백질이 풍부해 피로 회복과 기력 보충에 도움을 줘요. 회복기 환자나 임신부에게도 좋은 식재료입니다.

낙지 손질법

1. 낙지 머리와 다리 사이를 잘라 내고, 눈을 제거합니다. 머리 쪽의 내장, 다리 안쪽에 있는 입도 제거합니다.
2. 큰 볼에 낙지를 넣고, 밀가루를 넣어 조물조물 빨래하듯 주무른 뒤 5분 정도 두세요.
3. 흐르는 물에 다리를 쭉쭉 훑어 불순물을 완전히 제거하며 씻습니다.

# 26



## 세발나물

세발나물은 밭이 아니라 갯벌에서 자라는 나물입니다. 갯벌의 염분을 함유하고 있어 은은하게 짭조름한 맛이 나죠. 그래서 양념을 강하게 하지 않는 게 좋아요. 쓴맛이나 특별한 향이 없어 호불호 없이 드실 수 있습니다. 특히 해산물 요리와 조화가 좋습니다. 저렴해서 양껏 살 수 있고 맛도 좋은데 아직 많이 알려지지 않은 나물이에요. 데친 세발나물과 두부, 소금, 참기름, 다진 마늘, 깨를 넣고 조물조물 무쳐 먹어도 정말 맛있답니다. 파스타에 넣어 먹어도 향긋해서 좋아요.

# 맛있는 햅쌀 고르는 법

햅쌀은 수분 함량이 높아 윤기가 흐르고 밥맛이 좋죠. 반면 묵은 쌀로 밥을 하면 푸석푸석하고 특유의 냄새가 나기도 합니다. 어떻게 골라야 맛있는 햅쌀을 고를 수 있을까요?

* 생산 연도와 도정 일자를 확인하세요. 도정 후 15일만 지나도 산화로 인해 밥맛이 떨어집니다. 최근 도정 일자가 적힌 것으로 구매하세요.
* 품종을 살펴 단일 품종을 고르고 혼합 품종은 피하세요. 여러 품종이 섞여 있으면 익는 정도가 달라 식감과 맛이 떨어질 수 있어요.
* 쌀 등급을 보세요. 완전미 비율이 높을수록 특, 상, 보통 등으로 나뉘어요. 특이나 상 등급을 추천합니다.
* 단백질 함량을 체크하세요. 단백질 함량이 낮을수록 찰기가 있고 밥맛이 좋습니다. 보통 단백질 6% 이하가 최상품으로 여겨집니다.

# 콩나물 두부조림

높아진 물가에 장 보기가 부담스러울 때, 만만하고 고마운 식재료인 콩나물과 두부. 콩나물과 두부를 넣고 매콤한 조림 만들어 보세요. 두부는 부드럽고, 콩나물은 아삭하고, 양념은 맛있어서 한 번 알아 두면 계속 해 먹을 레시피입니다.

레시피

① 두부 1모(300g)를 먹기 좋은 크기로 썰어 굽습니다.
② 멸치 다시마 육수 100ml, 고춧가루 2T, 설탕 0.5T, 간장 2.5T, 참치액 1T, 맛술 2T, 참기름 0.5T, 다진 마늘 0.5T, 다진 청양고추 반 개와 후춧가루 톡톡 넣고 섞어 양념장을 만듭니다.
③ 냄비에 콩나물 250g, 채 썬 양파, 양념장, 두부를 순서대로 넣고 뚜껑을 닫아 중불로 익힙니다. 중간중간 두부에 양념 국물을 끼얹어 주세요.
④ 콩나물 숨이 죽으면 뚜껑 열고 양념을 졸입니다.

# 햅쌀

10월, 황금빛 논을 추수하고 햅쌀이 나올 시기입니다. 갓 지은 맛있는 흰 쌀밥은 김치만 올려 먹어도 맛있죠. 저는 아무리 맛있는 식당에 가도 밥이 맛없으면 실망스러워요. 요즘은 쌀 품종에 따른 밥 취향을 따지는 분이 많아졌어요. 품종에 따라 맛의 차이도 크니, 여러 품종을 소량씩 구입해서 취향을 찾아보세요.

* 신동진: 밥알이 약 1.3배 커서 씹는 맛이 좋음.
* 고시히카리: 대표적인 일본산 품종으로 윤기가 흐르고 맛이 좋음.
* 수향미: 구수한 누룽지 향으로 밥만 먹어도 맛있는 쌀.
* 백진주: 쌀알이 진주처럼 뽀얗고 윤기와 찰기가 좋음.
* 오대쌀: 고슬고슬한 식감, 찬밥으로 먹었을 때 맛있는 쌀.

# 28



## 금귤

금귤은 귤보다 훨씬 작은 사이즈로, 새콤달콤한 맛에 껍질째 그대로 씹어 먹는 과일이에요. 일본식 명칭인 낑깡으로도 불리죠. 껍질에 비타민 C가 많이 함유되어 있습니다. 농약 제거를 위해 물에 5분 정도 담갔다가 흐르는 물에 씻어 드세요. 날이 따뜻해지고 몸이 노곤노곤해질 때 금귤로 천연 비타민을 충전할 수 있어요.

금귤을 보관할 때는 키친타월로 감싼 뒤 지퍼백에 넣어 공기를 빼고 냉장 보관하면 신선함이 유지됩니다. 잼이나 정과로도 많이 만들어 먹어요. 씨는 꼭 빼고 만드세요. 씁쓸한 맛이 날 수 있거든요. 칼로 반을 자른 뒤에 이쑤시개 혹은 포크로 빼면 쉽습니다.

# 2



## 대추

대추는 마음을 안정시켜 주는 효과가 있어요. 말린 대추를 꿀에 재워 먹으면 오랫동안 차로 즐길 수 있으니, 차로 끓여 마시며 잠시 명상에 잠겨 보아도 좋겠습니다. 성질이 따뜻한 대추가 움츠러들었던 몸의 긴장을 풀고 내 마음을 어지럽혔던 우울, 불안을 가라앉혀 줄 거예요. 대추는 숙면에도 도움을 줍니다. 맛있는 햅쌀에 대추와 콩, 잡곡, 버섯, 단호박 등을 넣고 대추 영양밥을 만들어 보세요. 대추의 은은한 향을 맡으며 먹으면 밥이 아니라 보약을 먹는 기분일 거예요.

# 솥밥

간편하게 밥을 해 주는 압력밥솥은 주부에게 참 고마운 존재입니다. 그렇지만 때때로 정성 담은 솥밥을 먹고 싶은데, 물이 넘치거나 밥이 타기 쉬워 쉽사리 도전하기 어렵죠. 솥밥 쉽게 하는 방법을 알려드려요. 이제 절대 실패하지 않을 거예요.

레시피

① 쌀 1컵과 물 1컵을 준비합니다. 비율이 1:1이면 돼요.
② 쌀을 잘 씻고 채반에 받쳐서 30분 정도 그대로 두며 마른 불림합니다.
③ 냄비에 불린 쌀과 물을 넣고 중불로 보글보글 끓을 때까지 기다려 주세요.
④ 물이 줄어들면 주걱으로 바닥을 긁어 보세요. 냄비 바닥이 보일 정도로 물이 줄면 약불로 낮추고, 뚜껑을 닫아 10분 동안 기다리세요.
⑤ 10분이 지나면 불을 끄고, 뚜껑을 닫은 채로 다시 10분 뜸을 들입니다.

# 1

## 가을

가을은 천고마비의 계절이라고 하죠. 하늘은 높고 말은 살찌는 계절. 날이 선선해지면서 잃어버렸던 입맛이 다시 돌아옵니다. 더위에 찌푸렸던 마음도 여유를 찾으니 떠나가는 여름이 애틋해지기도 해요. 그 사이 다양한 식재료들이 익어 결실을 맺어 가요. 곡식류, 채소, 생선, 과일 모두 풍성해집니다. 아침 저녁으로 기온 차이가 크니 이 시기에는 특히나 건강을 잘 챙겨야 해요. 추운 겨울을 대비하기 위한 영양 가득 제철 식재료가 많은 달이니, 이번 달은 건강을 생각하며 한 장 한 장 일력을 넘겨 보세요.

# 벚꽃과 진해 군항제

1963년부터 시작된 진해 군항제. 벚꽃이 피는 시기가 되면 전국 각지에서 사람들이 모여 인산인해를 이루는 곳이 바로 진해입니다. 화창하게 피어난 연분홍색의 꽃이 마음을 설레게 만들죠. 벚나무마다 사진을 찍기 위해 긴 줄이 이어집니다. 이쯤 되면 사람을 보러 온 것인지, 벚꽃을 보러 온 것인지 헷갈리지만 설레는 마음과 행복은 가득해요. 사람들이 1년 중 딱 이맘때 잠깐 볼 수 있는 벚꽃에 열광하는 만큼, 잠깐 나왔다 소리 없이 들어가는 제철 음식도 많이 사랑하면 좋겠다는 마음입니다.

# 10월

# 계절에 나를 맡기고

20대 시절 꿈에 닿지 못해 힘겨워하고 있을 때 누군가 제게 그런 이야기를 했어요.

"제일 먼저 피어 흐드러지게 흩날리고 사람들의 마음을 훔치는 벚꽃이 아름다워 보이겠지만, 모두가 벚꽃일 수 없다. 너는 조금 더 늦게 피는 진달래일 수 있다. 더 진한 색깔로 강렬하게 존재감을 뿜어 내는 꽃. 그러니 먼저 피지 못했다고 해서 슬퍼하지 말아라."

누군가를 부러워하는 마음을 가지기보다 나에게 더 집중해서 살아 내려 했습니다. 내가 뭘 좋아하는지, 뭘 싫어하는지, 난 어떤 것에 행복해하는 사람인지. 우선 오늘의 저는 금귤을 한입에 쏙 넣고선 새콤달콤 켜켜이 쌓인 맛에 환희를 부르고 있습니다. 이 계절에 몸을 맡긴 채 3월의 마지막 날을 보냅니다.

# 바삭한 튀김

명절 튀김은 바로바로 먹으면 맛있는데, 시간이 지나면 눅눅해져서 손이 잘 안 가게 되죠? 식어도 바삭한 튀김 만드는 법 알려드려요. 핵심은 튀기기 직전에 만드는 반죽이에요. 반죽을 미리 만들면 바삭하게 튀기기 어렵답니다.

레시피

① 재료의 수분을 최대한 제거하고, 튀김가루를 탈탈 털어서 얇게 묻힙니다.
② 튀김가루와 감자 전분을 8:2의 비율로 섞어 주세요.
③ 차가운 맥주를 준비한 가루와 1:1의 비율로 넣습니다. 꼼꼼히 섞지 말고, 가루가 엉겨 있는 정도로 대충 섞어 주세요.
④ 재료에 튀김 반죽을 입히고, 달궈진 기름에 튀깁니다. 재료가 익으면 채반에서 기름을 빼고 한 김 식혀 주세요.

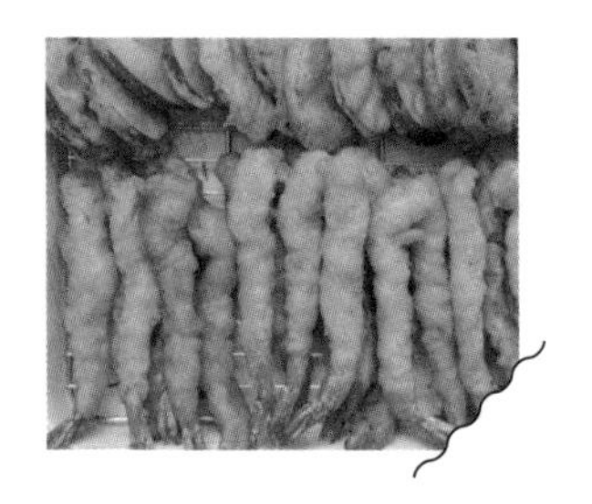

# 4월

# 29



## 석류

예전에 유행한 음료 광고를 통해 여성에게 좋다고 알려진 석류. 석류에는 정말로 여성호르몬인 에스트로겐이 풍부해서 갱년기 여성이 도움을 받을 수 있습니다. 석류는 수입산이 많지만 전남 고흥에도 석류 생산 농가가 있어요. 국내산 석류는 수입산보다 크기가 크고 색이 옅답니다. 맛에도 미묘한 차이가 있어요. 국내산 석류는 단맛보다는 새콤한 맛이 강합니다. 먹기 편한 과일이 아니니 한 번에 알을 떼서 냉장 보관하거나, 냉동 보관해서 드세요. 착즙해 석류즙으로도 많이 먹습니다.

# 1



## 돌미역

자연산 돌미역은 3~5월이 제철이에요. 마트에서 파는 양식 미역과는 맛의 깊이가 다릅니다. 거칠고 깊은 바닷속 돌 틈바귀에서 자라 맛이 깊고 진해요. 식감은 꼬들꼬들하면서도 부드러워요. 오래 끓여도 뭉개지거나 풀어지지 않고 뽀얀 국물이 정말 시원합니다. 이맘때 생 돌미역 잔뜩 쟁여서 얼려 두면 1년간 든든하답니다. 오늘은 돌미역에 소고기를 넣고 참기름에 달달 볶아 미역국을 해 먹어 보세요. 돌미역을 살짝 데쳐서 초고추장에 찍어 먹어도 좋습니다.

# 녹두

녹두전, 녹두 빈대떡, 녹두죽 등 다양하게 요리되는 녹두. 녹두가 자라면 숙주나물이 된다는 걸 모르는 분도 많이 계시더라고요. 녹두는 특히 제철이 아니면 상대적으로 비싸니, 제철에 많이 드세요. 녹두를 쌀에 섞어 녹두밥으로 먹어도 부담 없이 먹을 수 있답니다.

녹두도 수입산이 있어요. 국내산 녹두는 껍질이 거칠고 하얀 가루가 묻어 있으며 알의 크기가 고르지 않아요. 반면에 수입산 녹두는 껍질이 얇고 매끈하고 윤기가 나며 알들이 고르게 생겼습니다. 장 보실 때 유의해서 맛있는 국내산 녹두로 골라 드세요.

# 냉동 밥

밥솥에 밥을 오래 보관하면 전기도 많이 쓰일 뿐 아니라 밥이 말라 맛없는 밥이 돼요. 냉동 밥을 갓 지은 밥처럼 만드는 세 가지 팁을 알려드립니다.

* 갓 지은 밥을 냉동해야 맛있어요. 밥은 평소에 하던 것처럼 하고, 밥이 다 되면 전체적으로 섞은 뒤 바로 보관 용기에 담아 주세요.
* 식힐 때는 보관 용기 뚜껑을 닫아서 식히세요. 수분을 잡아 나중에 물이나 얼음을 넣지 않아도 촉촉한 밥이 돼요. 밥이 식으면 냉동실에 넣어 주세요.
* 전자레인지 '해동' 기능이 아니라 '데우기'로 사용하세요. 간혹 밥이 딱딱해졌다고 하는 분들은 너무 오래 돌려 그렇습니다. 가지고 있는 전자레인지에 맞는 적절한 시간대를 찾아보세요.

# 송편

추석에 할머니 집에 둘러앉아 송편을 빚던 추억이 있어요. 송편을 예쁘게 빚으면 예쁜 딸을 낳는다고 해서 하나하나 공들였던 기억이 나네요. 지역마다 송편이 조금씩 다르다는 것 아시나요? 서울은 알록달록 오색 송편에 깨와 설탕 소를 넣는 것이 특징이에요. 감자가 많이 생산되는 강원도는 감자 송편, 전라도는 모시 송편, 제주도는 완두콩 송편 등 각 지역의 특산물로 만들더라고요. 저는 최근에 녹두를 넣은 송편을 먹어 봤는데 달지 않고 고소한 녹두 소가 정말 맛있었습니다. 직접 만드는 송편도 좋지만, 가끔은 지역의 특색 있는 송편을 구해서 가족들과 함께 먹어도 좋을 것 같아요.

# 3



## 표고버섯

추운 겨울을 견뎌 낸 봄 표고버섯은 건조한 날씨 탓에 표면의 갈라짐이 좋아요. 육질도 탄탄합니다. 보통 표고버섯은 톱밥 배지에 많이 키우는데, 가격이 조금 더 나가도 진짜 참나무에서 천천히 기른 것을 구매해 보세요. 은은한 향도 쫄깃한 맛도 훨씬 좋아요. 그대로 요리에 사용해도 맛있고, 가루로 만들면 감칠맛 있는 천연 조미료가 되고, 말려서 육수 내기에도 좋아 활용도가 무궁무진합니다. 표고버섯 두부볶음 한 번 만들어 보세요. 쫄깃하고 향긋한 버섯이 정말 맛있답니다.

# 26



## 육전

명절에 빠질 수 없는 육전. 여러 번의 테스트 후에 찾아낸 가장 맛있는 육전 레시피입니다. 명절에 이 레시피로 요리 솜씨를 뽐내 보세요.

레시피

① 육전용 고기 400g를 준비합니다. 키친타월로 핏물을 닦아 주세요.
② 소금과 후추로 밑간을 한 뒤, 찹쌀가루를 얇게 묻혀 주세요.
③ 계란 4개를 곱게 풀어 줍니다. 체에 한 번 걸러도 좋아요.
④ 육전에 계란물을 묻혀 주세요. 찹쌀가루와 계란물은 아주 얇게 입혀야 들뜨지 않습니다.
⑤ 프라이팬에 기름을 넉넉히 두르고 중약불로 노릇노릇하게 익혀 줍니다.

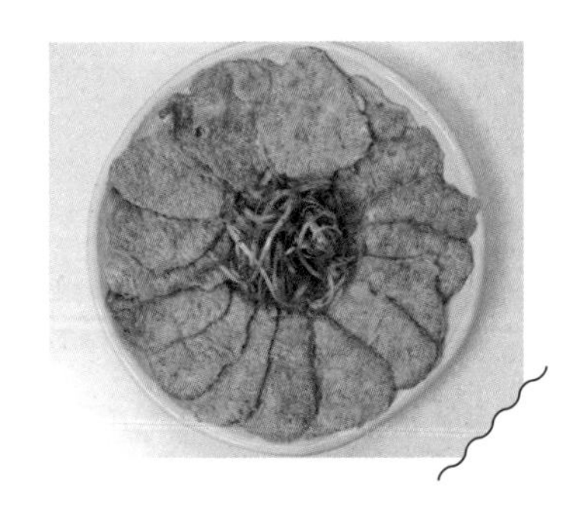

# 표고버섯 두부볶음

메인 반찬이 두부라는 말에 시큰둥하던 남편. 이 요리를 식탁에 올리니 감탄사와 함께 젓가락질을 멈추지 못했습니다. '버섯에서 고기 맛이 나는 게 이런 거구나!'를 느끼실 수 있어요.

레시피

① 두부 300g과 표고버섯 5개를 먹기 좋게 썰고, 홍고추 1개, 청양고추 1개를 쫑쫑 썹니다. 두부는 키친타월로 물기를 빼 주세요.
② 봉지에 전분가루 5T와 두부를 넣고 흔들어 전분가루를 입힙니다. 프라이팬에 기름을 두르고 노릇노릇 구워서 잠시 빼 주세요.
③ 표고버섯도 전분가루 2T와 함께 봉지에 넣고 흔들어 가루를 묻혀 줍니다. 마찬가지로 프라이팬에 노릇하게 굽습니다.
④ 설탕 1T, 간장 2T, 맛술 1.5T, 물 2T, 깨, 후추를 넣어 소스를 만듭니다.
⑤ 팬을 닦은 뒤 구운 두부와 표고버섯, 소스, 고추를 넣어 볶아 주세요.

# 명절

저희 할아버지 집은 슈퍼 하나 없는 조용한 시골이에요. 명절이면 대가족에 동네 사람들까지 모여 늘 북적였습니다. 밥을 먹을 때면 저는 할아버지 옆자리를 독차지하고 맛있는 걸 제일 먼저 먹었죠. 제사가 끝나면 귓속말로 '너 먹고 싶은 거 얼른 챙겨 가서 먹어라' 하셨고, 아궁이에 불을 때면 간식으로 고구마를 넣어 주셨어요.

집으로 돌아갈 때면 농사지으신 쌀, 밭에서 바로 딴 채소들을 바리바리 싸서 트렁크가 가득 찰 때까지 챙겨 주셨답니다. 떠나는 가족들을 배웅하다 뒤돌아서 눈물을 훔치던 할아버지 모습이 선해요. 할아버지가 계시지 않으니 따뜻하고 북적이던 명절에서 조금 멀어진 기분입니다. 그래도 좋았던 기억들은 여전히 제 마음에 남아 있습니다.

## 장고항 실치 축제

4월 한 달 동안 만날 수 있는 실치는 흰베도라치의 치어입니다. 뱅어포가 실치로 만든 거예요. 실치는 잡히면 1시간 안에 죽어 버리는 탓에 산지가 아니면 회로 맛보기 어려워요. 그래서 이맘때면 실치 회를 맛보려는 사람들이 장고항으로 모입니다.

당진 수산시장, 장고항 수산시장에 가면 실치 회를 먹을 수 있어요. 물때가 없는 날에 가면 가격은 같아도 양이 적으니, 물때를 맞춰서 가는 것도 좋습니다. 대부분 실치에 야채무침이 함께 나와요. 제가 간 곳에서는 기본 찬으로 된장국을 주셨는데, 실치를 된장국에 넣으니 정말 맛있더라고요. 집에서 먹는 제철 음식도 좋지만 여행 삼아 산지에 방문해 보세요. 신선하게 바로 먹는 제철 음식과 시장 인심에 몸과 마음이 풍족해지는 하루입니다.

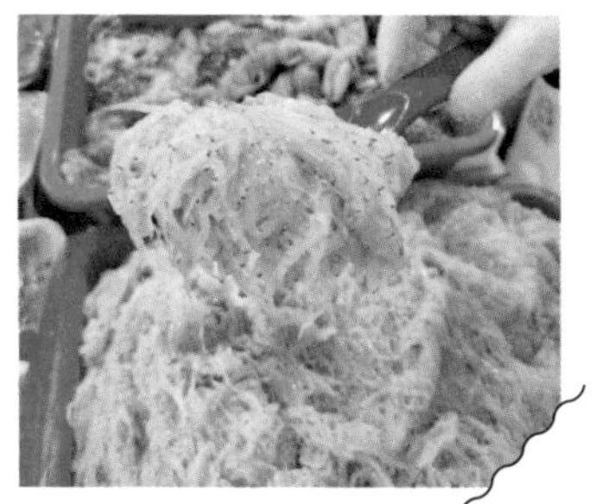

# 콩나물 불고기

오늘 저녁은 뭐 먹지 고민될 때 '콩불' 어떠세요? 깻잎에 쌈무와 콩불을 올려서 한입 싸 먹으면 정말 맛있죠. 온 가족이 좋아하는 메뉴예요.

레시피

① 씻은 콩나물 200g을 깊은 프라이팬에 넓게 깔아 주세요.
② 콩나물 위에 채 썬 양파 반 개와 파를 얹고 대패삼겹살 500g을 올립니다.
③ 고추장 2T, 고춧가루 3T, 맛술 2T, 설탕 2T, 간장 2.5T, 다진 마늘 1T와 쫑쫑 썬 청양고추 1개를 섞어 양념장을 만듭니다.
④ 냄비에 양념장을 붓고, 중약불로 콩나물 숨이 조금 죽을 때까지 기다렸다가 잘 볶아 주세요.

# 6



## 미더덕

미더덕과 오만둥이의 차이를 아시나요? 둘은 생김새가 다릅니다. 미더덕은 매끈하고 오만둥이는 울퉁불퉁해요. 또 미더덕은 향과 맛이 좋고, 오만둥이는 식감이 좋습니다. 미더덕은 지금이 제철이고 오만둥이는 겨울이 제철이에요.

미더덕 회 드셔 보셨나요? 미더덕도 회로 먹을 수 있는지 몰랐는데, 은은한 바다 향과 식감이 신선했어요. 손질도 어렵지 않답니다. 미더덕을 세로로 가르면 물과 함께 내장과 배설물이 나와요. 제거하고 물에 한번 가볍게 헹궈서 먹으면 됩니다. 남은 건 냉동했다가 된장찌개에 넣어 활용하세요.

# 참기름 아이스크림

가끔 생각지도 못한 것에 행복을 느끼곤 하죠. 참기름 아이스크림이라는 디저트를 처음 만났을 때는 당황했지만, 한입 먹고 감탄이 멈추지 않았어요. 고소한 맛을 사랑하는 분들이라면 무조건 좋아할, 저만 알기 아까운 황금 조합입니다.

레시피

① 준비한 바닐라 아이스크림에 소금과 후추를 아주 조금 뿌려 주세요.
(소금은 히말라야 솔트를 추천합니다.)

② 누룽지를 부숴서 얹고, 참기름을 쪼로록 뿌려 주세요.

# 바나나 오래 먹기

바쁜 아침 간편하게 먹기 좋은 바나나. 바나나는 실온 보관이라고 알고 계신 분들이 많은데, 냉장 보관하면 더 오래 두고 먹을 수 있어요. 실온에서 맛있게 후숙한 바나나는 이제 냉장고에 보관하세요.

바나나 오래 먹기

1. 물에 바나나를 1분 정도 담가 두었다가 흐르는 물에 씻어 주세요. 씻은 후 물기를 닦습니다.
2. 바나나 꼭지는 제거하거나, 랩 또는 쿠킹 호일로 감싸 주세요.
3. 지퍼백에 넣어 야채 칸에 보관하세요. 10일은 거뜬히 보관 가능합니다.
4. 10일 이후로는 껍질을 벗겨 냉동 보관하세요. 아이스크림 대용으로 드시면 건강한 간식이 됩니다.

# 1급 발암 물질

참기름을 볶거나 굽는 데 사용하면 1급 발암 물질이 나오니 샐러드나 무침에만 사용해야 한다는 말이 있습니다. 하지만 약불에 재료를 살짝 볶는 정도로는 사용해도 괜찮아요. 참기름의 발연점이 160~170도이기 때문입니다.

발연점이란 기름을 가열할 때 연기가 나기 시작하는 온도를 말해요. 발연점에 도달하면 급격하게 산패가 진행되며 벤조피렌 등의 1급 발암 물질이 생성될 수 있습니다. 각 기름의 발연점은 올리브오일 170~200도, 식용유와 카놀라유가 210~240도입니다. 미역국을 만들 때 미역을 참기름에 약불로 볶는 것으로는 발암 물질이 생성되지 않으니 걱정하지 않아도 됩니다. 물론 비가열 조리 시 사용하거나, 요리의 완성 단계 또는 불을 끈 상태에서 넣어 주는 게 가장 좋습니다.

# 고사리

'산에서 나는 소고기'라는 별명을 가진 고사리. 제주도에는 4~5월에 내리는 비를 '고사리 장마'라고도 불러요. 궂은 날씨가 지나가면 고사리가 훌쩍 자라 있기 때문입니다. 고사리를 한 번 꺾어 본 사람은 그 매력에 흠뻑 빠지게 됩니다. 생고사리는 독성이 있어서 물에 데친 후 불려서 먹어야 해요. 요즘은 고사리를 나물 반찬으로만 먹는 게 아니라 고사리 파스타로, 고사리 솥밥으로도 많이 먹어요. 삼겹살이랑 같이 구워 먹어도 맛있습니다.

# 인삼

인삼이 몸에 좋은 건 다들 알고 계시죠? 9~11월에 수확한 인삼은 다른 계절에 비해 영양소가 풍부합니다. 날이 추워지기 전 인삼의 사포닌 성분으로 면역력 챙겨 보세요. 선물용으로는 몸통이 굵은 원삼을 선택하고, 뿌리가 여러 갈래로 뻗는 난발삼은 집에서 먹으면 좋습니다. 인삼을 넣어 밥을 해도 좋고, 인삼 튀김, 인삼 스무디, 인삼청, 인삼주 등으로 만들어 먹으면 인삼도 맛있게 먹을 수 있어요. 인삼을 보관할 때는 키친타월로 돌돌 만 뒤 밀폐 용기에 담아 냉장고 야채 칸에 넣어 보관하세요.

# 고사리 나물볶음

다른 나물에 비해 고난이도라는 생각이 들어 왠지 엄두가 나지 않았던 고사리 나물. 하지만 한 번만 만들어 보면 '생각보다 어렵지 않네?'라는 생각이 들 거예요. 이렇게 만들면 비린내 없이 부드럽게 만들 수 있습니다.

레시피

① 데친 고사리 300g을 찬물에 헹궈 주세요. 너무 딱딱하거나 상태가 안 좋고 무른 것들은 뺍니다.
② 국간장 2T, 참치액 1T, 맛술 1T를 넣어 버무려 주세요.
③ 프라이팬에 식용유 1T, 참기름 1T를 넣고 다진 파 2T를 볶다가 다진 마늘 1T를 넣고 볶습니다.
④ 양념한 고사리를 넣고 볶아 주세요. 부족한 간은 소금으로 맞추면 됩니다.

# 가을 멸치

멸치의 제철은 봄, 가을이에요. 4~5월의 봄 멸치는 지방이 축적되어 부드럽고 맛있습니다. 9~10월의 가을 멸치는 담백하고 고소해요. 주로 국물용으로 사용하는 큰 멸치와 다르게 짠맛이 강한 작은 멸치는 기름에 볶는 것이 더 맛있어요. 따로 간장을 넣지 않아도 충분합니다. 중약불로 코팅하듯이, 천천히 색이 노릇노릇해지게 볶아 주세요. 기름을 두르지 않고 볶으면 멸치 안에 수분이 날아가 짠맛이 강해지고 딱딱해질 수 있어요. 멸치를 보관할 때는 꼭 냉동실에 보관해야 비린내와 곰팡이가 생기지 않습니다.

# 10



## 참외

이맘때 마트에 가면 참외가 많이 나와 있어요. 참외 제철은 봄일까요? 여름일까요? 참외의 하우스 재배가 보편화되면서 참외가 여름 과일이라는 말은 옛말로 바뀌는 것 같아요. 요즘은 3월부터 참외가 나옵니다. 참외의 80% 이상을 생산하는 성주군에서는 전량 하우스로 재배해요. 균일한 품질을 확보하고 여름에 비해 상대적으로 과일이 적게 나오는 봄 틈새 시장을 공략하기 위해서입니다. 수확한 직후의 참외는 아삭한 식감이 좋고, 2~3일 후숙하면 더 부드러워지고 달콤해집니다. 취향껏 맛보세요.

# 떡볶이

집에서 만드는 떡볶이도 맛있지만 무언가 부족하다고 느껴질 때, 이 레시피로 만들어 보세요. 포인트는 무조건 고운 고춧가루를 사용하는 것! 집에서도 파는 것 같은 맛있는 떡볶이를 즐길 수 있을 거예요.

레시피

① 물 500ml에 떡 350g, 어묵 3장, 크게 썬 대파, 설탕 1T를 넣고 끓입니다.
② 바글바글 끓으면 소고기 다시다 1T를 넣고 떡이 익을 때까지 끓여 주세요.
③ 고운 고춧가루 2T, 고추장 2T, 식용유 0.5T, 물엿 2T, 먹기 좋게 썬 양배추를 넣고 중약불로 10분 정도 더 끓이면 완성입니다.

# 참외 샐러드

참외는 수분 함량이 90%라 갈증을 해소하기에도 좋고, 엽산과 비타민 C 함량이 높아 임산부가 먹기에도 좋은 과일입니다. 그냥 깎아 먹기 질린다면, 상큼한 참외 샐러드로 만들어 먹어 보세요.

레시피

① 참외를 아주 얇게 슬라이스해 주세요.
② 참외 씨는 체에 걸러 달콤한 국물만 남깁니다. 여기에 올리브오일 1t, 식초 1t, 화이트 발사믹 1t, 설탕 1t를 넣어 드레싱을 만들어 주세요.
③ 참외에 드레싱을 뿌리면 완성! 취향에 따라 딜 같은 허브류를 올려 주면 더욱 좋습니다.

# 은행

가을날 거리에서 나는 이상한 냄새의 주인공, 바로 은행입니다. 길거리에서 은행을 만나면 냄새 때문에 눈살을 찌푸리지만, 사실 은행은 기침, 가래에 좋은 약재로 폐와 위의 탁한 기를 맑게 만들어요. 다만 독성 물질이 있어 과다 섭취 시 구토, 복통 증상이 생길 수 있으니 성인은 하루 10알 이내, 소아는 2~3알 이내로 먹는 것이 안전합니다.

일본식 선술집에 가면 먹을 수 있는 은행 꼬치구이를 집에서도 간단하게 만들어 먹을 수 있어요. 프라이팬에 기름을 두르고 약불에서 은행을 볶다가 소금 살짝 뿌려 주세요. 마늘과 함께 구워도 맛있어요.

# 12



## 아스파라거스

그리스 로마 시대부터 아스파라거스를 먹었다고 해요. 프랑스의 어느 왕은 아스파라거스를 위해 전용 온실을 궁에 만들었다고 하죠. 담백하고 아삭한 식감이 특징이고, 숙취에 좋다고 하는 아스파라긴산이 많이 함유되어 있어요. 아스파라거스에 베이컨을 말아서 구워 먹어도 좋고, 스테이크 먹을 때 가니쉬로 먹기에도 딱 좋죠. 살짝 삶아 샐러드에 넣어 먹어도 아삭아삭 맛있답니다. 보관할 때는 구매한 플라스틱 포장 그대로 냉장고에 눕혀서 보관하지 마시고, 컵에 물을 담아 세워 놓으면 더 신선하게 보관이 가능합니다.

## 고구마 보관법

9월에 밭에서 바로 캔 햇고구마는 밤고구마 같아요. 저장성을 높이고 당도를 높이는 과정을 100일 정도 거치면 꿀고구마가 됩니다. 밤고구마의 쉽게 무르지 않는 식감, 호박고구마의 촉촉함과 진한 달콤함을 모두 느낄 수 있죠. 베니하루카 품종이 가장 인기 있고 맛있어요. 일반 고구마에 비해 껍질이 조금 두꺼워서 껍질 벗기기도 쉽다는 게 특징입니다.

고구마의 적정 보관 온도는 12~14도입니다. 통풍이 잘 되는 실온에 보관하세요. 겨울에는 실내가 좋습니다. 키친타월이나 신문지로 개별 포장하면 장기 보관이 가능합니다.

# 13



## 명이나물

명이나물의 원래 이름은 산마늘이에요. 마늘 향이 난다고 해서 붙여진 이름입니다. 울릉도와 강원도에서 재배되는 명이나물은 씨앗을 심고 7년이 지나야 수확할 수 있기 때문에 귀해요. 크고 난 후에도 1년에 한 번만 수확하기 때문에 제철을 놓치면 아쉽습니다. 금방 시들어 버리기 때문에 장아찌로 많이 만들어요. 삼겹살 먹을 때 느끼함을 싹 잡아 주는 명이나물 장아찌는 고깃집 반찬으로도 익숙하죠. 페스토로 만들어 파스타를 해 먹어도 색다르게 맛있답니다.

## 고구마

겨울 간식의 대명사 고구마는 이맘때 캐요. 햇고구마가 나오는 시즌입니다. 목이 막히는 밤고구마, 꿀이 뚝뚝 떨어지는 꿀고구마, 항산화 성분이 풍부하고 색이 예쁜 자색 고구마, 달콤한 맛의 호박고구마. 종류도 참 다양해요.

고구마 껍질에는 소화에 도움을 주는 성분이 풍부하니 잘 씻어서 껍질째 드세요. 고구마 줄기도 빼놓을 수 없죠. 고구마 줄기에는 비타민과 베타카로틴이 많습니다. 무쳐서 나물로 먹거나, 김치를 담그거나, 조림에 넣기도 해요. 고구마 줄기는 수분이 마르면 맛이 떨어져 신선하게 드시는 게 좋아요. 껍질을 살짝 벗겨 질기지 않게 드세요.

# 14



## 들기름 막국수

입맛이 없을 때는 간단하게 먹기 좋은 국수가 제격이죠. 간단하면서도 정말 맛있어요. 남편이 한 그릇 더 없냐며 빈 그릇만 보길래, 결국 면을 다시 삶았습니다. 들기름이 메인인 만큼 질 좋은 들기름을 써 주세요. 맛과 향이 확 달라집니다.

(레시피)

① 메밀면 2인분을 삶아 찬물에 헹궈 주세요.
② 간장 0.5T, 연두 1T, 들기름 1.5T, 설탕 1t, 식초 조금, 깨소금을 듬뿍 넣어 양념장을 만듭니다.
③ 국수에 양념장을 얹고, 김을 부숴서 취향껏 넣어 주세요. (조미 김보다는 곱창 김으로 만드는 게 더 맛있습니다.)

# 맵지 않은 가지 덮밥

아이도 어른도 좋아하는 맵지 않은 가지 덮밥 레시피입니다. 가지는 튀기듯 노릇하게 구워 먹으면 맛있어요. 한입 베어 물 때 기름과 함께 나오는 가지의 채즙에 눈이 번쩍 뜨이실 거예요.

레시피

① 봉지에 어슷 썬 가지 2개와 감자 전분 2T를 넣고 흔들어 고루 묻힙니다.
② 기름을 넉넉히 두른 프라이팬에 가지를 노릇하게 구워서 빼 둡니다.
③ 간장 0.5T, 맛술 2T, 설탕 0.5T, 케첩 0.5T, 물 1T, 후추를 섞어 양념장을 만들어 주세요.
④ 프라이팬에 기름 0.5T를 넣고 다진 파, 다진 양파 한 움큼을 넣어 약불에 노릇하게 볶아 주세요.
⑤ 양념장을 넣고 강불로 바꾸세요. 바글바글 끓으면 가지를 넣고 볶습니다.

# 옥돔

조선 시대 왕실 진상품이었던 옥돔. 돔 중에 최고의 맛이라고 불리죠. 살이 탱탱하고 담백하며 비린내가 적어요. 제주 사람들은 옥돔을 반건조해서 먹어요. 바로 구워 먹으면 살이 물러서 흐트러지기가 쉽기도 하고, 적당히 말리면 감칠맛이 선명해지거든요. 중국산 옥두어를 옥돔으로 둔갑시켜 판매하는 곳도 있으니 잘 살펴 보세요. 제주산 옥돔은 선홍색과 연노란 빛깔이 돌며 눈 옆에 삼각형 무늬, 몸통과 꼬리에 노란 줄무늬가 있습니다.

# 14



## 느타리버섯볶음

안 먹어 본 사람이 없을 듯한 느타리버섯볶음. 느타리버섯은 가격이 비싸지 않아 부담 없이 구입할 수 있는 식재료 중 하나죠. 물 생기지 않고 쫄깃한 느타리버섯볶음 만드는 방법 알려드릴게요.

레시피

① 느타리버섯 2팩을 뜯어 밑동을 자르고 결에 따라 찢어 주세요. 양파도 채 썰어 준비합니다.

② 버섯을 흐르는 물에 살짝 씻은 후 소금 1.5t를 넣고 20분 정도 절입니다. 시간이 지나면 물기를 꼭 짜 주세요.

③ 프라이팬에 기름을 두르고 양파를 볶다가 버섯 넣고 중강불로 볶습니다. 다진 마늘 0.5t와 길게 썬 홍고추를 넣고 볶아 마무리합니다.

# 옥돔 양념구이

반건조 옥돔은 해동하지 말고 꽁꽁 언 상태 그대로 조리하면 됩니다. 양념 없이 고소한 옥돔의 맛으로만 먹어도 맛있지만, 옥돔에 부침가루를 묻혀 튀기듯이 구운 뒤 양념장을 올려 먹어도 맛있어요.

레시피

① 옥돔에 부침가루를 골고루 묻혀 주세요.
② 설탕 1t, 고춧가루 1t, 다진 마늘 0.5t, 양조간장(또는 진간장) 2t, 매실액 1t, 맛술 1t, 참기름 1t, 쪽파, 고추 한 개, 깨 넣은 양념장을 만듭니다.
③ 프라이팬에 식용유와 참기름을 2:1 비율로 섞어서 두르고, 옥돔을 노릇하게 굽습니다. 잘 구워진 옥돔에 양념장을 얹어 드세요!

팁! 양념 없는 옥돔구이를 구울 때는 옥돔에 참기름을 골고루 바르고, 프라이팬에 일반 식용유를 부어 주세요. 껍질이 아닌 살부터 노릇노릇 굽습니다.

## 전어

집 나간 며느리도 냄새 맡고 돌아온다던 전어. 가을 전어는 산란 전 지방이 잔뜩 올라 정말 맛있어요. 기름지고 고소한 맛에 젓가락이 멈추질 않습니다. 머리부터 통째로 먹어야 제맛이라고 하죠. 전어는 구이뿐 아니라 회로 먹어도 맛있고, 채소를 넣어 새콤달콤하게 무침으로 먹어도 입맛이 돌아요. 칼슘이 풍부해서 뼈 건강에 도움이 되고 불포화 지방산이 많아 성인병 예방에 좋습니다. 전어는 대표적인 가을 생선이지만, 최근에는 여름에 전어 회를 찾는 사람들도 늘고 있어요. 여름 전어는 기름기는 적지만 뼈와 살이 연해 나름의 매력이 있답니다.

# 17



## 두릅

봄나물의 제왕이라 불리는 두릅은 쌉쌀한 맛에 독특한 향이 납니다. 참두릅, 땅두릅, 개두릅 세 가지 종류로 나뉘어요. 참두릅은 두릅나무에 달리는 것, 땅두릅은 땅에서 나는 것, 개두릅은 엄나무 순에 나는 것입니다. 셋 중에서 참두릅을 으뜸으로 칩니다. 자연산은 특히나 가격이 비싸요. 소고기와 궁합이 좋으니, 두릅을 소고기에 돌돌 말아 구워 드세요.

# 오미자

빨갛게 익은 오미자는 정말 탐스러워요. 경상북도 문경시가 오미자의 주요 산지입니다. 오미자의 이름에는 신맛, 단맛, 짠맛, 쓴맛, 매운맛의 다섯 가지 맛이 난다는 의미가 있어요. 그중에서도 신맛이 강하기 때문에 그냥 먹기보다는 설탕과 오미자를 1:1로 넣고 오미자청을 담가 먹는 경우가 많습니다. 저는 오미자청에 탄산수를 넣어 만든 에이드를 좋아해요. 기분 좋은 상큼한 맛이 식후 입가심용으로 딱 좋답니다. 오미자의 따뜻한 성질은 면역력과 스트레스 완화에 도움을 줘요. 건조해 차로 끓여 먹어도 효능을 제대로 누릴 수 있습니다.

# 칼로리 반 다이어트 밥

밥을 잘 보관하기만 해도 칼로리가 반이 된다는 사실, 알고 계셨나요? 똑같은 밥인데 칼로리가 뚝 떨어지는 마법은 바로 밥을 한 뒤 한 김 식혀 냉장고에 6시간 이상 넣어 두는 것입니다.

밥을 냉장고에 넣고 6시간 이상이 지나면 밥의 전분이 저항성 전분으로 바뀌어요. 저항성 전분은 소화에 저항하는 전분이에요. 저항성 전분 덕분에 칼로리가 반으로 떨어지고 혈당도 천천히 오릅니다. 저항성 전분은 1~4도 사이에 가장 활성화되니 냉동실은 안 돼요. 밥을 냉장고에 두면 2~3일은 상하지 않으니 냉장고에 두고 드세요. 드실 때 전자레인지에 2분 정도만 돌려 드시면 됩니다.

팁! 밥을 할 때 식물성 기름 한 숟갈을 넣으면 다이어트 효과가 더 좋습니다.

# 11



## 대파

더위에 약한 대파는 서늘한 가을에 잘 자랍니다. 알싸한 매운맛이 특징이지만, 익히면 채소 본연의 단맛이 돌죠. 대파는 면역력을 강화하고 몸을 따뜻하게 해요. 뿌리부터 잎, 줄기 어느 것 하나 버릴 것 없고 활용도가 높아 한식에 빼놓을 수 없는 식재료입니다. 잎과 줄기는 요리에, 뿌리는 잘 씻어 말려서 육수 낼 때 사용하세요. 감칠맛을 더해 줍니다.

대파를 냉장고에 보관할 때는 대와 잎을 분리하는 게 좋아요. 키친타월로 감싸 밀폐 용기에 담아 보관하세요. 키친타월이 습기를 잡아 좀 더 오래 보관할 수 있습니다.

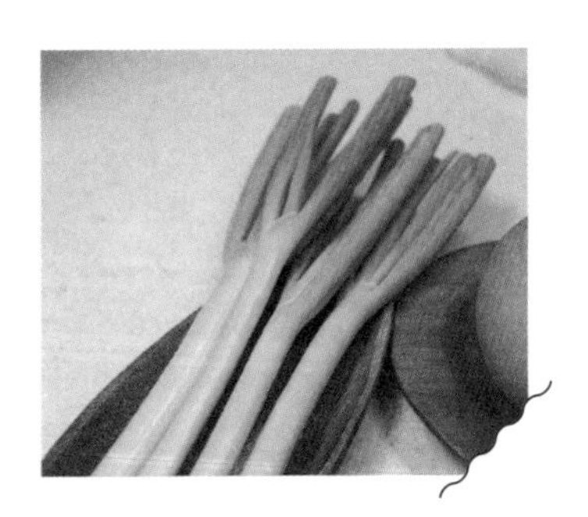

# 쭈꾸미

쭈꾸미 알 보신 적 있으세요? 봄은 쭈꾸미 머리에 알이 가득 차는 시기입니다. 꼭 밥알 같은 알은 고소한 맛이 일품이에요. 그 맛이 별미라서 숙회 혹은 샤브샤브로 많이 먹습니다. 쭈꾸미는 피로 회복에 좋은 타우린 성분이 풍부해요. 낙지, 오징어, 문어보다도 많이 들어 있습니다. 저지방, 고담백 식품이라 다이어트 하는 분들에게도 좋아요.

쭈꾸미 손질법

1. 쭈꾸미 다리와 머리를 잘라서 분리합니다.
2. 머리 안쪽 내장과 머리가 연결된 부분을 잘라 주세요.
3. 머리를 뒤집어 내장을 제거하고, 알은 따로 빼 두세요. 눈도 제거합니다.
4. 다리 쪽에 있는 입은 양손 엄지손가락으로 짜내듯이 뽑아 주세요.
5. 굵은 소금과 밀가루를 넣고 빨판 속 이물질을 꼼꼼하게 제거해 주세요. 흐르는 물에 잘 헹구면 끝입니다.

# 갈치조림

생선조림 자주 드시나요? 생선조림 만능 양념장만 있으면 갈치뿐 아니라 모든 생선조림을 100% 성공할 수 있어요. 어떤 생선이든 가능하니 꼭 해 보세요.

레시피

① 갈치 550g을 토막 내서 준비합니다. 감자 2개는 납작하게 썰고, 양파 반 개는 채 썰어 주세요. 대파와 고추도 썰어 줍니다.
② 다시마를 넣은 쌀뜨물 250ml, 설탕 1T, 고춧가루 2T, 간장 2T, 참치액 2T, 맛술 1T, 다진 마늘 1T, 후춧가루 톡톡 넣어 생선조림 만능 양념장을 만듭니다.
③ 냄비에 감자와 양파를 깔고 위에 갈치를 올린 뒤, 양념장 넣고 끓입니다.
④ 중간중간 양념장을 끼얹으며 감자가 익을 때까지 졸이면 완성입니다.

# 쭈꾸미 숙회

알이 가득 찬 쭈꾸미는 숙회로 먹는 것이 최고입니다. 담백하고 고소한 맛에 매력 있는 알의 식감까지! 소주를 부르는 안주라고나 할까요?

레시피

① 물에 소주 한 잔을 넣고 끓여 주세요.
② 끓는 물에 먼저 손질한 쭈꾸미 머리와 알을 넣고, 조금 후에 다리를 넣습니다.
③ 다리는 색이 변하면 바로 꺼내 주세요. 그래야 질기지 않고 부드럽습니다.
④ 머리와 알은 충분히 익혀서 드세요.

# 갈치구이

제철 갈치는 여름부터 가을까지 맛이 좋습니다. 비린내 없이 겉은 바삭하고 속은 촉촉하게 굽는 법을 알려드려요.

레시피

① 비닐에 갈치와 굵은 소금 1T를 넣고 비벼서 갈치의 은색 비닐(은분)을 제거하세요. 소금물에 한 번 더 씻어 비린 맛을 잡습니다.
② 지느러미를 제거하고, 양쪽 측면에 칼집을 내 뼈를 바르기 쉽게 만듭니다. 소금을 뿌려서 간한 뒤 30분 정도 두세요.
③ 부침가루와 찹쌀가루를 반반 섞어서 입힙니다. 프라이팬에 기름을 두르고 달궈지면 갈치를 굽습니다.
④ 구울 때는 자주 뒤집지 말고, 아랫면이 노릇노릇하게 익을 때까지 두세요. 반대편도 노릇노릇하게 구워지면 끝입니다.

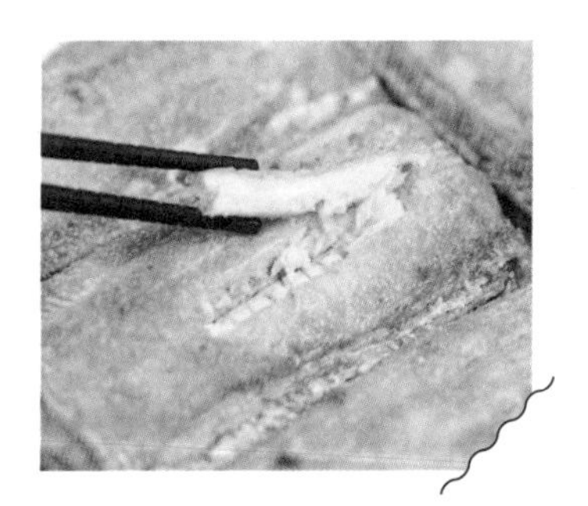

# 21



## 뿔소라

뿔이 삐죽삐죽 솟아 있는 뿔소라. 우도에서 나는 자연산 뿔소라는 크기도 크고 속살이 가득 차 있어, 우도 뿔소라를 먹기 위해 일부러 찾아가는 사람들이 있을 정도예요. 매년 4월에는 우도에서 소라 축제가 열리는데, 뿔소라를 줄지어 놓고 직화로 굽는 모습이 인상적입니다. 보들보들한 속살에 꼬들꼬들한 식감이 일품이에요. 우도의 파도 소리를 들으며, 불어오는 바닷바람과 함께 먹는 뿔소라는 오랫동안 기억에 남을 거예요.

# 갈치

갈치는 생선을 즐기지 않는 사람들도 호불호 없이 잘 먹는 생선이에요. 시장에 가면 은갈치도 있고 먹갈치도 있죠. 품종이 다른 게 아니라 같은 갈치입니다. 제주 은갈치는 보통 그물이 아니라 낚시로, 수심이 얕은 곳에서 한 마리씩 낚아 올립니다. 조업량은 적지만 갈치가 스트레스를 받지 않아 특유의 은빛이 살아 있어요. 반면 수심이 깊은 곳에서 그물을 이용해 대량으로 잡는 먹갈치는 가격이 좋아요. 목포나 부산에서 많이 잡습니다. 수심의 차이로 은갈치는 좀 더 부들부들하고, 먹갈치는 고소한 게 특징입니다.

갈치를 고를 때는 등지느러미 색깔을 확인해 보세요. 국내산은 은빛에 푸른기가 돈다면 수입산은 노란빛을 띱니다. 신선한 갈치는 눈동자가 투명하고, 살에 탄력이 느껴집니다.

# 김치 비빔국수

집에서 야근하다가 출출할 때, 김치 비빔국수 만들어 드세요. 황금 비율 양념장과 면 삶는 요령만 알면 누구나 맛있게 만들 수 있습니다.

레시피 (2인분 기준)

① 잘 익은 김치 1컵을 가위로 잘게 자릅니다.
② 고춧가루 1.5T, 설탕 1T, 다진 마늘 0.5T, 양조간장(또는 진간장) 1.5T, 매실액 0.5T, 사과식초 1T, 참기름 2T, 고추장 1T, 간 깨를 섞어 양념장을 만들고 김치와 섞어 주세요.
③ 끓는 물 1.5L에 소금 1t, 소면 200g을 넣습니다. 물이 끓어 넘치려고 할 때 찬물을 2~3번 나눠 넣어 주세요.
④ 다 삶은 소면은 차가운 물에 바락바락 씻고 물기를 잘 털어 만들어 두었던 김치 양념장과 비벼 주세요.

# 미꾸라지

여름 무더위에 지친 체력과 잃어버린 입맛을 회복하기 위해 추어탕을 찾는 분들이 있죠? 가을은 미꾸라지의 살이 올라 영양이 가장 풍부한 시기예요. 단백질과 칼슘, 무기질 비타민이 풍부하게 들어 있습니다. 추어탕은 지역에 따라 시래기, 고사리, 부추 등 넣는 재료가 다르기도 하고, 육수를 내는 방식도 차이가 있어요. 통으로 끓이기도 하고, 갈아서 끓이기도 하는 등 각각 방식이 다르니 내가 좋아하는 스타일을 찾아보세요. 미꾸라지를 통으로 튀겨 내는 튀김도 맛있어요.

# 양배추 오리볶음

"이거 대학교 앞에서 팔면 장사 잘될 거 같지 않아?" 한입 먹자마자 남편과 잠시 장사의 꿈을 꾸었습니다. 학식이 지겨워질 때 당기는 메뉴일 것 같다며 한참 이야기꽃을 피웠지요. 그 정도로 맛있으니, 꼭 한 번 만들어 보세요.

레시피 (2인분 기준)

① 훈제 오리고기 300g, 양배추 300g, 통마늘 2~3알을 넣고 프라이팬에 볶습니다.

② 쯔유 2T, 맛술 1T, 물 100ml로 양념장을 만들고 프라이팬에 넣어 주세요.

③ 계란을 풀어 넣고 강불로 익히면 끝! 취향껏 후추를 살짝 뿌려 마무리합니다.

# 참기름의 구름층

침전물이 하나도 없는 깨끗한 참기름은 수입산 깻가루를 이용해서 착유했거나 국내산으로 착유했는데 필터링을 여러 차례 거친 경우, 둘 중 하나입니다. 이 침전물(구름층)에 참기름의 좋은 성분인 항산화 물질과 식물성 섬유질이 가득해요. 맛과 향, 영양의 엑기스라고 볼 수 있습니다. 참기름은 침전물이 있는 걸 고르세요. 그리고 참기름을 쓰기 전 한 번씩 흔들어 쓰는 것이 좋습니다.

# 봄 꽃게

꽃게의 제철은 봄과 가을입니다. 봄 꽃게는 알이 가득 찬 암꽃게라 가격이 더 비싸요. 가을 꽃게는 숫꽃게로 살이 많고 크기가 더 큽니다. 암수는 배딱지 모양으로 구분이 가능해요. 봄 꽃게는 꽃게찜으로 드세요. 녹진한 맛이 매력인데, 말 그대로 입안에서 녹아내려요. 가을 꽃게는 꽃게탕으로 드시는 것을 추천합니다.

꽃게 손질법

1. 세척 솔을 들고 흐르는 물에 꽃게의 배와 다리 사이 구석구석 이물질을 닦아 주세요. 살이 없는 다리는 잘라도 좋아요.
2. 조리 후 아가미와 모래집은 제거하고 드세요.

# 건강한 참기름 고르는 법

각종 요리의 마지막을 담당하는 고소한 참기름. 잘 고른 참기름 하나가 아쉬운 맛을 잡아 주기도 합니다. 당연히 국내산 햇참깨로 만든 제품이 좋지만, 그 밖에도 살피면 좋은 것들이 많습니다.

* 저온압착 참기름을 구매하세요. 고온압착 참기름은 진한 빛깔에 강렬한 향을 내지만 벤조피렌이 함유되어 있을 확률이 높습니다.
* 성분표에 '참깨분'이라는 글자가 적힌 참기름은 피하세요. 빻은 깨나 분쇄한 깻가루를 수입해 만든 참기름인데, 쉽게 산패되기 때문에 맛과 향이 떨어져요.
* 착유 날짜를 확인하세요. 국산이라도 생산 연도가 오래되었거나 보관이 잘못되었다면 질 좋은 참기름을 얻을 수 없습니다.
* 큰 용량으로 사서 오래 쓰지 말고, 작은 용량을 자주 구매해 드세요.

# 25



## 제철 여행

꽃게 철에 전남 진도 서망항에 다녀왔습니다. 서망항에 있는 아주 작은 시장에서 꽃게를 사 꽃게찜을 먹었죠. 남편과 둘이 허름한 가게에서 꽃게 살을 발라 먹고, 게 다리를 넣은 라면으로 마무리하며 뭐가 그리 좋은지 기억도 나지 않는 수다를 왕창 떨었습니다. 그때의 느낌이 머릿속에 저장되어, 지금도 꽃게 철이면 그 시간이 새록새록 떠올라요. 맛있는 제철 식재료를 찾아 떠나는 여행. 제철의 행복을 추억으로 남겨 보세요.

# 대하

'가을' 하면 대하라고 생각하시는 분이 많으실 거예요. 거창하게 조리하지 않아도, 굵은 소금을 깔고 간단히 굽는 제철 새우구이는 담백하고 고소해 맛있습니다.

자연산 대하와 외형이 비슷해 헷갈리는 새우가 양식으로 키우는 흰다리새우입니다. 대하는 몸 색깔이 회색빛을 띠며 꼬리 색은 녹색이에요. 흰다리새우는 몸 색깔이 청회색을 띠며 꼬리는 붉은색입니다. 대하와 흰다리새우는 가격 차이가 많이 나니 장 볼 때 유의하세요. 새우는 통통하게 살이 오른 게 맛이 좋아요. 내장이 투명하게 잘 보이고, 껍질에서 탄력이 느껴지는 것이 신선합니다.

# 참치 김치 짜글이

냉장고 구석에 남은 자투리 채소들과 참치 한 캔으로 어마어마한 밥도둑을 만들었어요. 순두부를 넣으면 물을 많이 넣지 않아도 자박하게 끓일 수 있고, 고소한 맛이 좋답니다.

레시피

① 자투리 채소와 신김치 100g을 잘게 다져 주세요.
② 냄비에 식용유와 파를 넣고 볶다가 자투리 채소를 넣어 주세요.
③ 채소가 익으면 옆으로 살짝 밀어 두고 고추장 2T, 된장 1T를 빈자리에 넣어 30초 정도 볶아 주세요. 야채와 같이 섞습니다.
④ 물 100ml를 넣고, 다진 신김치와 참치 캔 1개(135g)를 넣어 줍니다.
⑤ 다진 마늘 0.5T, 고춧가루 1T, 맛술 1T, 청양고추 1개를 넣습니다. 순두부도 넣어 잘게 으깨고 낮은 불에 뭉근하게 끓여요.

# 고등어구이

고등어 비린내의 주범은 고등어의 얇은 투명 껍질! 껍질만 제거해도 훨씬 맛있는 고등어구이를 먹을 수 있어요.

레시피

① 고등어의 지느러미를 제거해 주세요.
② 소금으로 고등어 껍질 끝부분을 살살 문질러 주세요. 얇은 투명 껍질이 쉽게 벗겨집니다. 뼈 쪽에 거뭇거뭇한 부분도 제거해 주세요.
③ 쌀뜨물에 식초를 조금 넣고 고등어를 10분 정도 담가 두면 비린내 제거에 좋습니다. 흐르는 물에 깨끗이 세척해 주세요.
④ 구울 때는 고등어의 수분을 잘 제거한 뒤, 기름을 두른 프라이팬에 껍질 부분이 밑으로 가게 구워 주세요. 파와 함께 구우면 비린 맛은 잡아 주고 감칠맛은 더해져요.

# 쭈꾸미 삼겹살

쭈꾸미는 돼지고기와 영양도 맛도 잘 어울려 궁합이 좋아요. 이 레시피의 핵심은 한 번 삶은 쭈꾸미로 양념하는 거예요. 물이 덜 생겨서 양념이 잘 스며든답니다.

레시피

① 삶은 쭈꾸미 300g을 준비합니다. 파, 양파, 청양고추도 쫑쫑 썰어 주세요.
② 설탕 1.5T, 고춧가루 2T, 다진 마늘 0.5T, 간장 1T, 참치액 1T, 맛술 2T, 고추장 2T, 후추 톡톡 넣어 양념장을 만들어 주세요.
③ 삶은 쭈꾸미에 양념장을 잘 버무립니다.
④ 삼겹살 300g을 노릇하게 굽다가, 양념된 쭈꾸미와 야채를 넣고 빠르게 섞어 주면 끝입니다.

# 고등어

고등어는 우리나라 사람들이 가장 좋아하는 생선이 아닐까 싶습니다. 제철에 잡힌 고등어는 살이 통통하게 오르고 기름기도 꽉 차 있어 정말 맛있죠. 요즘은 국내산보다 노르웨이산 고등어를 선호합니다. 국내산 고등어는 철에 상관없이 잡아 냉동고에 오래 비축하는 점, 복잡한 유통망, 선도 관리 부재로 맛이 떨어진다는 평을 받고 있어요. 노르웨이 고등어는 제철에만 조업을 합니다. 첨단 기술로 선도 유지에 신경을 많이 쓰며 관리하기 때문에 맛이 일정해요. 그렇지만 기회가 된다면 산지에서 잡은 국내산 제철 고등어를 드셔 보세요. 구이, 조림도 맛있지만 신선할 때 회로 먹으면 정말 맛있어요.

# 28



## 키조개

키조개는 우리가 먹는 조개 중 가장 큰 조개입니다. 곡식을 고를 때 쓰는 '키'를 닮아서 키조개라는 이름이 붙여졌다고 해요. 관자 요리로 인기가 많으며, 크기만으로도 존재감을 뿜어 냅니다. 깊은 바닷속 모래에 박혀 있기 때문에 잠수해서 채취해야 해요. 키조개는 산란기 직전인 4~5월이 살이 통통하게 올라 가장 맛있습니다. 키조개를 고를 때는 껍질이 두껍고 단단하며, 입을 벌리지 않은 것으로 고르세요. 키조개 관자와 함께 소고기, 표고버섯을 구워 삼합으로 먹으면 정말 맛있답니다.

# 꽃게

알이 꽉 찬 암꽃게는 봄이 제철이고, 살이 꽉 찬 수꽃게는 가을이 제철입니다. 암꽃게는 배딱지 모양이 둥글고 수꽃게는 뾰족한 모양을 하고 있어 쉽게 구분할 수 있어요. 원조 밥도둑 간장게장, 양념게장으로 만들어도 좋고 된장찌개에 꽃게 한 마리만 넣어도 맛이 확 달라지죠. 제철 꽃게가 들어간 된장찌개는 국물만 떠먹어도 감탄사가 나옵니다.

꽃게를 고를 때는 같은 크기라면 묵직한 것, 배딱지의 색이 흰색이고 윤기 나는 것, 눌렀을 때 단단한 것을 고르세요. 다리 색이 투명한 것은 살이 제대로 차지 않았을 확률이 높습니다. 색이 거뭇거뭇하게 변한 것도 싱싱하지 않은 꽃게입니다.

29



# 아스파라거스 소고기볶음

좋아하는 와인 종류가 있으세요? 저는 레드 와인 중에서도 진판델 품종을 좋아해요. 풀 바디감에 묵직한 느낌이라 고기와 잘 어울리죠. 가끔 남편과 저녁에 와인을 마시는데, 아스파라거스 철이면 안주도 화려해집니다. 어렵지 않은데 고급스러워 손님상으로도 좋아요.

레시피

① 올리브오일을 살짝 두르고 소고기와 아스파라거스를 구워 주세요. 로즈마리가 있다면 같이 구워도 좋습니다.

② 맛술과 간장을 1:1 비율로 넣어 휘리릭 볶습니다.

9월

# 대게

큰 대(大) 자를 써서 대게라고 알고 계신 분 있으시죠? 실은 다리가 대(竹)나무처럼 생겼다고 해서 붙여진 이름이에요. 홍게와는 다른 품종입니다. 영덕 대게가 유명한 건 다 알고 계실 거예요. 별다른 조미 과정 없이 찌기만 해도 맛있어서, 두 손으로 들고 손가락 쪽쪽 빨면서 먹게 됩니다. 맛있는 해산물이 특히나 많이 나오는 4월. 맛있는 제철 음식을 정신없이 먹다 보니 한 달이 다 지나갔어요.

# 31



## 제철 에너지 저축하기

오늘 나의 식사는 어땠나요? 손가락 하나만 까딱하면 집 앞으로 오는 배달 음식, 자연의 생기가 없는 인스턴트, 영양보다는 배를 채우기 위한 가공 음식…. 건강보다는 자극적인 맛만 가득하지 않았나요? 제철을 알 수 없는 식사 말고 오늘 한 끼는 계절의 에너지로 채워 보세요. 거기서 얻은 힘이 내 앞날을 위한 저축이기도 합니다. 적극적으로 좋은 에너지를 채우는 것도 나를 사랑하는 방법 중 하나인 것 같아요.

5월

# 30



## 월남쌈

다양한 야채를 라이스페이퍼에 싸서 한입에 쏙 먹는 월남쌈. 싸는 재미도 있고, 먹기에도 편해 좋아요. 라이스페이퍼 네 장을 겹쳐서 김밥처럼 크게 말아 보세요. 훨씬 편합니다.

레시피

① 라이스페이퍼는 뜨겁지 않은 정수에 담가 사용합니다.
② 도마 아래 끝부분에 라이스페이퍼가 살짝 튀어나오게 얹고, 잎채소를 먼저 깐 뒤 재료를 얹습니다.
③ 김밥 말듯이 아래 부분부터 돌돌 말다가 양옆을 접어 마저 말아 줍니다.
④ 싸고 나서 겉면을 깻잎이나 쌈무로 감쌉니다. 서로 들러붙지 않아 좋아요.
⑤ 땅콩버터 3t, 간장 1t, 식초 0.5t, 올리고당 1t, 머스터드 1t, 물 1t, 깨소금 1.5t를 섞어 땅콩 소스를 만듭니다. 소스에 찍어 드세요!

## 5월의 한강

저는 자전거 타는 걸 좋아해요. 한강 자전거가 좋은 이유는 계절감을 눈으로도, 코끝으로도 느낄 수 있기 때문이에요. 5월에 한강을 달리면 아카시아 향이 코끝을 스치면서 짜릿한 행복감이 듭니다. 저 멀리 아카시아 나무가 보일 때부터 벌써 설레 숨을 힘껏 들이마시기 시작해요. 연두색의 풀 냄새와 비릿한 물 냄새까지. 헬스장에서는 절대 느낄 수 없는 계절의 온도, 냄새를 모든 감각으로 느껴 봅니다.

# 깨

8월 말부터 햇깨가 나와요. 한식의 마무리는 깨죠. 깨는 소화가 잘 안 되기 때문에 갈아서 깨소금으로 쓰는 것이 좋습니다. 그때그때 갈거나 빻아서 쓰세요. 미리 갈아 두면 산패가 될 수 있습니다.

참깨로 만든 기름이 다양한 요리에 쓰이는 고소한 참기름입니다. 이집트 미라가 썩지 않았던 비법 중 하나가 참기름이었다고도 해요. 그만큼 아주 강력한 항산화 기능을 가지고 있습니다. 고소한 향으로 입맛을 돋우고 음식의 풍미를 한층 더 높여 주는 고마운 재료입니다.

# 멸치

멸치는 크기에 따라 용도가 달라요. 작은 멸치는 멸치볶음으로, 큰 멸치는 육수용으로 쓰입니다. 멸치는 다양한 방식으로 잡는데요, 그중 멸치를 가둬 놓고 잡는 남해의 '죽방렴' 방식을 최고로 칩니다. 이 방식으로 멸치를 잡으면 비늘이 벗겨지지 않고 상처도 거의 남지 않기 때문이에요.

멸치를 고를 때는 색이 희고 맑으며 투명한 빛깔을 띠는 것을 고르세요. 좋은 멸치는 너무 짜거나 쓰지 않으며 은은한 단맛이 납니다. 볶음과 육수용 외에도 생멸치는 회로 먹거나, 멸치 쌈밥으로도 즐깁니다.

# 28



## 반건조 오징어

경상도에서는 '피데기'라고도 부르죠. 마른 오징어보다 식감이 좋고, 해풍으로 말려 맛이 응축되어 있어요. 한여름 시원한 맥주가 당길 때, 안주로 반건조 오징어를 버터에 구우면 영화라도 한 편 봐야 할 것 같은 느낌이 들어요. 냉동실에 넣어 놨다가 오징어볶음을 해도 좋고, 국으로 끓여 먹어도 맛있답니다. 간식으로도, 안주로도, 요리로도 모두 활용 가능해서 쟁여 두면 든든한 식재료입니다.

# 뼈 튼튼 멸치 조리법

멸치볶음은 어떻게 만드냐에 따라 칼슘 흡수를 방해할 수도 있고, 200% 끌어 올릴 수도 있어요.

* 견과류는 넣지 마세요. 멸치볶음에 견과류를 넣어서 많이 먹지만, 견과류는 멸치와 궁합이 나빠요. 견과류에 있는 피트산이 멸치의 칼슘 흡수를 방해하기 때문입니다. 견과류 대신 청양고추 1개를 곱게 다져서 넣어 보세요. 청양고추는 멸치 속 칼슘 흡수를 돕습니다. 풋고추나 꽈리고추도 좋아요.
* 식초를 넣어 주세요. 식초 속 아세트산이 칼슘 흡수를 촉진시키고 비린내를 감소시켜요. 신맛은 끓이면서 날아가니 걱정하지 않아도 됩니다.

# 27



## 포도

동글동글한 알들이 풍성하게 달린 포도. 적포도, 청포도 등 품종도 정말 다양합니다. 국내 포도의 대표적인 품종으로는 캠벨, 거봉, 샤인 머스캣이 있어요. 포도는 껍질과 씨앗까지 함께 먹는 것이 좋습니다. 항산화 성분인 레스베라트롤과 폴리페놀이 과육보다 껍질, 씨앗, 가지에 더 많기 때문이에요. 가지도 말려서 물 끓여 마시면 좋아요.

포도를 고를 때는 제일 아래쪽에 달린 포도 알을 먹어 보세요. 포도는 위쪽부터 알이 맺히기 때문에 아래쪽에 있는 알이 달면 잘 익은 거예요. 표면에 하얀 당분이 올라와 있는 것도 달다는 증거입니다.

# 멸치볶음

기본 반찬 중 하나인 멸치볶음. 칼슘 흡수를 최대한 많이 할 수 있도록 만든 레시피입니다.

레시피

① 멸치 100g을 체에 넣고 묻은 가루들을 털어 주세요.
② 기름 1T와 다진 마늘 1t를 넣고 멸치를 볶아 주세요. 중약불로 천천히, 색이 노릇노릇해질 때까지 볶으면 됩니다.
③ 다 볶아진 멸치는 따로 옮겨서 마요네즈 1T를 넣고 버무립니다.
④ 팬에 맛술 3T, 다진 청양고추, 식초 2t를 넣고 중약불로 끓이다가, 보글보글 끓으면 멸치를 넣고 수분이 날아갈 때까지 빠르게 볶아 주세요.
⑤ 볼에 옮겨 담고 올리고당 2~3T를 넣어 버무립니다.

팁! 뜨거운 프라이팬에 그대로 올리고당을 넣지 말고, 꼭 빈 그릇에 옮겨서 올리고당을 넣어 주세요. 그래야 딱딱하게 굳지 않고 맛있어요.

# 오이무침

아삭하고 새콤달콤해 입맛을 돌게 하는 오이무침. 버무리자마자 하나 집어 먹는 건 요리하는 자의 특권이죠. 오이무침은 어떻게 만들어도 항상 물이 생기기 때문에, 그때그때 만들어 먹는 것이 가장 맛있습니다.

레시피

① 오이 2개를 0.5cm 두께로 썰고, 설탕 0.5t, 소금 0.5t를 넣어 20분 정도 절여 주세요. 절이며 생긴 물은 버립니다.
② 고춧가루 2T, 설탕 0.5T, 양조간장(또는 진간장) 1T, 매실 1T, 식초 0.5T, 참기름 0.5T, 다진 마늘 0.5t를 섞어 양념장을 만듭니다.
③ 오이에 양념장 버무리면 끝!

# 등갈비찜

어른들도 동심으로 돌아가는 어린이날. 아이들이 좋아하는 달콤한 등갈비찜이에요. 뼈가 쏙 빠지도록 부드럽게 만들었으니 아이들 손에 하나씩 쥐여 주세요.

레시피

① 등갈비 1.2kg의 뼈 쪽 얇은 근막을 제거하고, 뼈와 뼈 사이를 칼로 자릅니다. 물에 30분 정도 담가 핏물을 제거합니다. 중간중간 물을 갈아 주세요.

② 냄비에 물을 넉넉히 넣고 월계수 잎, 통후추, 미림 3T와 등갈비를 넣어 5분간 데쳐 주세요.

③ 삶은 등갈비는 흐르는 물에 씻어 굳은 핏물과 불순물을 제거합니다.

④ 압력솥에 손질한 등갈비와 물 100ml, 설탕 1T, 간장 3T, 굴소스 1.5T, 물엿 2T, 매실청 1T, 참기름 0.5T, 맛술 3T, 다진 마늘 1T, 생강 약간, 다진 양파 반 개, 다진 파, 후추를 넣고 끓입니다.

⑤ 압력솥의 추가 흔들리면 약불로 바꿔 10분 기다립니다. 김이 다 빠지면 뚜껑을 열고 섞다가 마지막에 강불로 양념을 졸여 주세요.

# 케일

슈퍼푸드로 주목받고 있는 케일. 항염 기능이 있으며 베타카로틴과 칼슘도 많이 들었어요. 생으로 갈아 녹즙 또는 주스로 만들어 먹기도 합니다. 주스는 새콤한 과일보다 달콤한 과일과 함께하면 잘 어울려요. 사과, 바나나를 추천합니다. 저는 월남쌈에 싸 먹는 걸 좋아하는데, 케일은 심지가 단단해서 질길 수 있으니 칼로 반 갈라서 싸 먹으면 좋아요. 쌈밥 만들어서 강된장과 같이 먹어도 맛있답니다.

# 6



## 마늘쫑

마늘쫑은 마늘의 꽃대입니다. 생으로 먹으면 매운맛과 아삭아삭한 식감이 있어 매력적이에요. 익혀 먹으면 매운맛이 빠지고 은은한 단맛이 납니다. 밑반찬으로 만들어도 좋고 파스타나 볶음밥에 넣어도 맛있어요. 마늘쫑은 제철이 아니면 국산을 구하기 어려워요. 이 시기가 지나면 대부분 중국산이니 제철일 때 많이 드세요.

# 24



## 생깻잎무침

깻잎 하나만 있어도 밥 한 공기를 뚝딱 비우게 되는 밥도둑, 생깻잎무침이에요. 한 장 한 장 떼어 먹다 보면 한 공기를 더 먹게 될지도 모르니 조심하세요.

레시피

① 깻잎 50장을 잘 씻어서 준비합니다.
② 양파 반 개와 물 50ml를 믹서에 넣고 갑니다. 여기에 양조간장(또는 진간장) 3T, 조선간장 2T, 매실액 1T, 고춧가루 2T, 다진 마늘 0.5T를 넣고 섞어 주세요. 다진 파, 채 썬 당근, 홍고추도 조금씩 넣습니다.
③ 깻잎 하나에 밥숟가락 반 정도의 양념을 올려 1장씩 발라 주세요. 실온에 반나절 정도 숙성했다가 냉장 보관합니다.

# 마늘쫑무침

식탁에 있으면 자꾸자꾸 손이 가는 마늘쫑무침. 양념장을 끓여서 버무리기 때문에 겉돌지 않아요. 윤기가 흐르며 감칠맛이 정말 좋답니다.

레시피

① 냄비에 물 1L, 소금 0.5t를 넣고 끓입니다. 물이 끓으면 먹기 좋은 크기로 썬 마늘쫑 200g을 20초 정도 짧게 데칩니다.

② 데친 마늘쫑은 찬물에 헹구고 물기를 빼 주세요.

③ 프라이팬에 고춧가루 4t, 양조간장(또는 진간장) 3t, 맛술 3t, 식용유 1t, 매실청 1t, 조청 2t, 고추장 3t를 넣고 약불로 은은하게 졸여요.

④ 데친 마늘쫑을 넣고 버무리다가 불을 끕니다. 마지막으로 참기름 0.5t, 통깨를 조금 넣으면 완성!

# 햇밀

밀의 제철이 언제인지 아시나요? 바로 지금, 여름이 제철입니다. 밀은 수입산이 압도적으로 많아 국내에선 소수의 농가만 키우고 있어요. 이때쯤 마르쉐 농부 시장에서 '햇밀장'을 엽니다. 마르쉐는 서울 각 지역에서 팝업처럼 열리는 오프라인 시장이에요. 전국 각 농가의 햇밀을 한자리에서 만날 수 있죠. 농부님을 직접 만나 이야기를 듣고, 요리사분들의 햇밀로 만든 빵과 쿠키들도 구매할 수 있습니다. 서울 도심에서 쉽게 접할 수 없는 특별한 시간이에요. 마르쉐에 방문하실 때는 일찍 가는 걸 추천해 드립니다. 오픈 전부터 줄을 서기도 하거든요. 일회용품을 사용하지 않기 때문에 장바구니, 구입한 음식이나 채소를 담을 용기도 따로 챙겨 가는 걸 추천해요.

# 버섯 불고기 솥밥

1년에 한 번뿐인 어버이날. 사랑하는 부모님을 위해 요리해 보세요. 영양, 맛, 비주얼 세 마리 토끼를 다 잡을 수 있는 솥밥입니다.

레시피

① 쌀 1.5컵을 씻고, 채반에 두고 30분 정도 마른 불림합니다.
② 불고기 300g에 간장 2T, 설탕 1T, 미림 2T, 참기름 0.5T, 다진 마늘 1T, 후추, 채 썬 양파 반 개를 넣고 30분 재운 후, 프라이팬에 볶아 주세요.
③ 솥밥용 냄비에 느타리버섯 130g과 참기름 0.5T를 넣고 약불에 볶습니다. 곧바로 쌀도 넣고 같이 볶아 주세요.
④ 물 1.5컵과 양조간장(또는 진간장) 1t, 맛술 1t를 넣어 중불로 끓입니다.
⑤ 냄비 바닥을 주걱으로 훑었을 때 갈라질 정도로 물이 줄면 불고기와 쪽파를 넣고 뚜껑을 덮어 약불에 10분간 끓입니다.
⑥ 10분 후 불을 끄고, 뚜껑을 닫은 채로 10분간 뜸을 들입니다.

# 초 간단 전복죽

쌀 씻고, 불리고, 볶고…. 직접 요리해서 만들려면 1시간은 기본인 죽 요리. 전복죽 간단하게 만드는 방법을 알려드립니다. 이제부터 전복죽은 이렇게 만들어 보세요.

레시피

① 전복 200g을 손질해 얇게 썹니다.
② 양파 1/4개와 전복 내장을 곱게 갈아 주세요.
③ 냄비에 참기름을 살짝 두르고 갈은 내용물을 볶다가, 전복도 같이 넣어 볶아 주세요.
④ 전복이 어느 정도 익으면 전복이 잠길 정도로 물을 넣고, 찬밥 1공기 반을 넣어 뭉근하게 끓입니다.
⑤ 끓이면서 물을 조금씩 추가해 주세요. 불을 끄고 소금으로 간하면 완성!

팁! 밥의 양을 줄이고 순두부를 넣으면 더 고소하고 담백한 전복죽이 됩니다.

# 오이

5월은 오이가 가장 맛있는 시기입니다. 여름은 높은 기온으로 땅이 가물었을 때라 오이에 쓴맛이 올라올 수 있어요. 오이는 95%가 수분으로 이루어져 있어 체내 수분을 보충하기에 좋고, 칼로리가 낮아 다이어트에도 좋습니다. 오이 장아찌를 담그거나 오이소박이, 오이 겉절이, 오이무침을 해서 먹어도 좋고요. 오이 비빔밥 혹은 샐러드에 넣어서, 월남쌈에 넣어서 제철 오이 다양하게 활용해 보세요.

오이 보관법

1. 오이를 키친타월로 하나하나 감싸 주세요.
2. 감싼 오이를 지퍼백에 넣고, 꼭지 부분이 위로 갈 수 있도록 세워서 보관하세요.

# 제육볶음

한국인이 사랑하는 기본 중의 기본 반찬, 제육볶음입니다. 요리 초보자도 성공하는 레시피로 만들었어요. 이 레시피를 알고 나면 앞으로 가장 자신 있는 요리가 제육볶음이 될 거예요.

레시피

① 돼지 앞다리살 500g을 키친타월로 꾹꾹 눌러 핏물을 제거합니다.
② 고추장 2T, 고춧가루 3T, 양조간장(또는 진간장) 3T, 맛술 4T, 다진 마늘 1T, 설탕 1T, 식초 1T, 참기름 1T, 후춧가루 톡톡 뿌려 양념장을 만듭니다.
③ 고기에 양념장을 버무려서 30분간 숙성합니다. 여유가 있다면 하루 동안 숙성해도 좋습니다.
④ 프라이팬에 기름을 두르고 양념한 고기를 볶아 주세요. 고기가 어느 정도 익으면 채 썬 양파와 대파를 넣고 숨이 죽을 정도만 익혀 주세요.
⑤ 채 썬 깻잎을 듬뿍 올려서 같이 드세요.

# 10

## 오이 비빔밥

다이어트할 때마다 꼭 만들어 먹는 음식이 바로 오이 비빔밥입니다. 양념장이 정말 맛있어요. 조금씩 더워지는 5월, 맛있는 오이 비빔밥으로 몸을 가볍게 만들어 보는 건 어떨까요?

레시피 (2인분 기준)

① 프라이팬에 기름 1T를 넣고, 쫑쫑 썬 대파를 낮은 불에 볶아 파기름을 냅니다.

② 다진 마늘 1t, 양조 간장 3t, 참치액 1t, 식초 0.5t, 올리고당 2t, 깨 조금 넣고 양념장을 만듭니다. 여기에 파와 파기름도 넣고 잘 섞어 주세요.

③ 오이 반 개, 오이고추 적당량을 먹기 좋은 크기로 썰어 주세요.

④ 잡곡밥에 오이, 오이고추, 기름 뺀 작은 참치 캔 1개(85g), 계란프라이, 김을 넣은 뒤 양념장을 올려 비벼 드세요.

# 고춧가루 고르기

고춧가루를 고를 때는 어떻게 골라야 할까요? 고춧가루는 굵기에 따라 용도가 달라져요. 굵은 고춧가루는 김장용, 중간 크기는 요리용, 고운 고춧가루는 고추장 등 장 담글 때 많이 사용합니다. 수입 고춧가루의 경우는 얼린 홍고추를 해동해서 만들기도 해요. 맛과 풍미가 떨어지죠. 고춧가루는 요리의 기본인 만큼 되도록 국산 고춧가루로 고르세요. 고추를 세척해서 만드는지, 꼭지와 받침까지 확실하게 제거하는지, 저온에서 건조하는지까지 꼭 따져 보세요. 고춧가루를 상온 보관하면 색과 맛이 변하고 곰팡이가 생길 수 있으니 밀봉해서 냉동 보관하는 것이 좋습니다.

# 11



## 죽순

죽순은 땅을 뚫고 자라난 대나무의 어린 순이에요. 보통 삶은 채로 밀봉되어 있거나 통조림 형태, 혹은 냉동으로 유통됩니다. 그렇지만 4~6월은 생죽순을 만날 수 있어요. 죽순은 콜레스테롤 수치를 내리는 데 도움을 줘서 고기와 함께 먹기에 궁합이 좋습니다. 죽순을 쌀뜨물로 삶으면 쓴맛과 떫은맛을 잡아 주니, 꼭 기억했다가 쌀뜨물로 삶아 요리해 보세요.

# 참나물 겉절이

짭조름하면서도 향긋해 밥반찬으로도 좋고, 고기랑 같이 곁들여 먹기에도 좋은 참나물 겉절이입니다. 겉절이는 냉장고에 들어가면 숨이 죽고 물이 생겨 맛이 없어지니, 그때그때 먹을 만큼만 하는 게 좋아요.

레시피

① 참나물 70g을 씻고 손질해 먹기 좋은 크기로 자릅니다.
② 간장 0.5t, 고춧가루 1t, 참치액 0.5t, 매실청 0.5t, 식초 1t, 설탕 1.5t, 참기름 1t, 깨를 넣고 무쳐 주세요.

팁! 양파를 채 썰어 넣어도 좋아요. 사과도 채 썰어 넣으면 산뜻한 느낌을 줘서 잘 어울린답니다.

# 12



## 담양 대나무 축제

대나무로 가장 유명한 도시는 담양입니다. 대나무가 자라기 적합한 기후를 가지고 있거든요. 매년 대나무 축제도 열립니다. 담양에 놀러간다면 대통 밥을 드셔 보세요. 대나무 통에 은은한 향이 밥에 배어 맛있습니다. 죽순 요리와 떡갈비까지 같이 곁들이면 금상첨화죠. 여담이지만, 남편은 군대 휴가 때 혼자 담양에 놀러가 대통 밥을 먹고 남은 대나무 통을 받아 와서 지금까지도 펜꽂이로 쓰고 있답니다.

# 18



## 참나물

나물은 다 봄이 제철인 것 같지만, 참나물은 8~9월이 제철이에요. 대표적인 알칼리성 채소인 참나물은 노화 방지에 도움을 주는 고마운 나물입니다. 나물무침을 해도 맛있고 파스타에 넣어도 매력적인데요, 비빔국수에 넣어 먹어도 입맛이 돌고 맛있답니다. 고기와 함께 먹어도 궁합이 좋습니다. 이번 달 고기 드실 때는 파채 대신 참나물로 겉절이 해 먹는 건 어떠세요? 내일은 참나물 겉절이 레시피 알려드릴게요.

# 13



## 양파

모든 요리에 풍미를 더해 주는 고마운 채소, 양파. 냉장고에 늘 있는 재료라 철이 있는지 모르는 분들도 계실 거예요. 5월에 나오는 햇양파는 수분이 많아 매운맛이 적고 아삭아삭한 식감이 특징입니다. 오래 보관할 수 없어 햇양파로 양파 장아찌, 양파 김치를 담가 먹어요.

양파를 보관할 때 실온에 보관하려면 습기 없이 바람이 잘 통하는 그늘에 보관하세요. 냉장 보관 시에는 씻지 말고 껍질을 벗겨 호일 혹은 비닐랩으로 감싸 야채 칸에 보관하면 오래 두고 먹을 수 있습니다.

## 내가 행복한 살림

예전에 연예인 홍진경 씨가 자존감을 주제로 이야기한 방송을 보았습니다. 남에게 보이는 자동차, 옷, 액세서리, 구두보다도 내가 매일 베고 자는 베개의 면, 내가 맨날 입을 대고 마시는 컵의 디자인, 내가 가장 많이 시간을 보내는 집의 정리 정돈, 여기서부터 내 자존감이 시작되는 것 같다는 이야기였지요. 깊이 공감했습니다.

저는 제철 음식도 좋아하고 주방에 있는 시간과 살림하는 시간도 좋아해요. 요리할 때는 주로 긴 나무젓가락을 쓰는데, 나무는 쓰다 보면 색이 바래고 닳는 게 보여서 실리콘 요리용 젓가락으로 바꾸었어요. 세척도 편하고, 손에 잡히는 느낌도 좋고, 홀더가 있어 보관하기 좋고, 받침대로 쓰기에도 좋고… 여러모로 잘 샀어요. 소소하지만 큰 행복, 오늘의 자존감이 하나 더해집니다.

# 14



## 햇양파 카레

'양파 하나만으로도 이렇게 맛있을 수 있구나'라는 생각이 드는 햇양파 카레. 평소 흔하게 만드는 카레에 사골 육수와 버터, 두 가지만 더하면 맛과 풍미가 확실하게 살아납니다.

레시피

① 양파 2개를 채 썰고, 갈색빛이 날 때까지 충분히 볶아 주세요.
② 물 대신 사골 육수를 2컵 넣어 주세요. 고형 카레(50g)를 넣고 끓여 줍니다.
③ 마지막에 버터를 넣어 주세요. 처음부터 넣으면 풍미가 사라지기 때문에 꼭 마지막에 넣어야 합니다.

팁! 이것만으로도 충분하지만, 토핑으로 취향껏 돈가스나 가라아게, 구운 야채 등을 얹어서 드시면 밥상이 더 다채로워집니다.

# 무화과

클레오파트라가 즐겨 먹었던 과일로 유명한 무화과는 8월이 제철입니다. 한국에서는 전남 영암군이 무화과 산지로 알려져 있어요. 무화과에는 단백질을 분해하는 성분인 피신이 있어서 고기를 먹은 후 후식으로 좋아요. 혈당 지수도 낮아 건강에 도움이 됩니다. 껍질에는 항산화 성분이 가득해요. 껍질을 제거하는 분도 계시지만, 껍질째 먹는 게 좋습니다.

무화과는 물에 담가서 씻지 마시고, 꼭지를 잡고 흐르는 물에 가볍게 씻어 주세요. 아래의 갈라진 쪽으로 물이 들어가면 맛이 떨어질 수 있습니다.

# 양파 처트니

파리에서 처음 맛보았던 양파 처트니는 한국식으로 이야기하면 만능 양파볶음입니다. 샐러드 위에 올려 먹거나 핫도그, 또띠아, 카레, 피자 등에 올려 먹으면 맛있어요.

레시피

① 큰 양파 3개를 얇게 채 썰어 주세요.
② 프라이팬에 올리브오일 2T, 버터 20g과 양파를 넣고 약불에 볶아 주세요. 갈색빛이 날 때까지 볶습니다.
③ 색이 나기 시작할 때 설탕 2T, 발사믹 식초 3T, 소금, 후추를 넣고 조금 더 볶아 주면 완성입니다.

# 15



## 우렁이

논에서 흔히 볼 수 있었던 우렁이. 요즘에도 친환경 농법으로 우렁이를 쓰죠. 버섯, 두부, 대파, 감자, 양파 원하는 대로 재료를 넣고 우렁이살 넣어 우렁 쌈장을 만들면 쌈 채소가 무한으로 들어갑니다. 된장찌개에 넣어도 맛있어요.

우렁이는 단단하고 바닥 면이 넓은 것으로 고르세요. 손질할 때는 굵은 소금과 밀가루를 넣어 손으로 치댄 뒤, 물에 씻어 뿌연 물이 나오지 않을 때까지 깨끗하게 세척합니다. 특유의 냄새를 제거할 수 있어요. 요리하고 남은 우렁이는 살짝 데쳐 껍데기를 벗기고 냉동 보관하세요.

# 갑오징어

남편과 짧게 떠난 여행길에서 갑오징어를 먹었어요. 몸통은 회로 먹고, 다리는 숙회로 먹고, 마지막으로 먹물을 넣은 볶음밥을 먹었는데 정말 별미더라고요. 갑오징어는 '오징어의 황제'라는 별명에 맞게 살이 두툼하면서 부드럽고 감칠맛이 좋습니다. 일반 오징어와 달리 갑옷과 같은 큰 뼈가 있는 것이 특징이에요. 예전에는 이 뼈를 약재로도 많이 썼다고 합니다. 5월부터 제철이라 부드럽고 맛이 좋으니 매콤한 오징어볶음으로, 쫄깃한 갑오징어 회로 맛있게 챙겨 드세요!

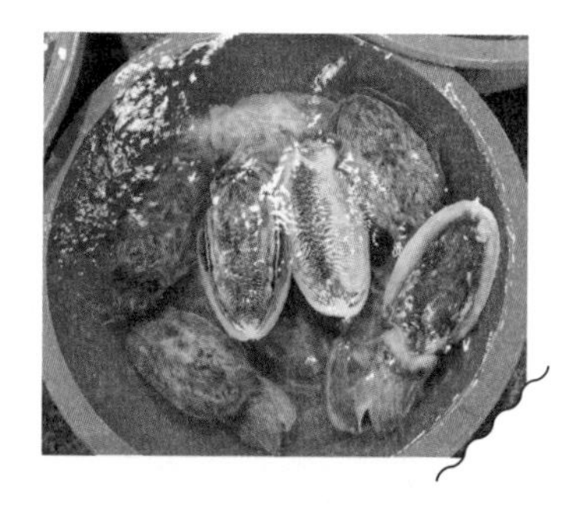

# 전복 손질하기

손질된 전복을 구매할 수도 있지만, 이따금 직접 전복을 손질해야 할 때 이렇게 손질해 주세요. 전복은 모래주머니라고 칭하는 소화기관이 있어요. 특히 자연산 전복은 바닷속에서 이것저것 먹기 때문에 이곳을 자르는 것이 좋습니다. 양식 전복이라면 미역과 다시마만 먹고 자라서 깨끗해요. 모래주머니를 꼭 제거하지 않아도 괜찮습니다.

전복 손질법

1. 조리용 솔로 빨판, 테두리 옆구리의 전복 살을 비벼서 깨끗하게 닦아 주세요.
2. 빵칼이나 과도를 껍데기의 제일 얇은 쪽 라인으로 넣어 패각근을 잘라 내면 살과 껍데기가 쉽게 분리됩니다.
3. 전복 이빨과 식도를 꼭 제거해 주세요. 세균도 많고, 식감도 안 좋습니다.
4. 자연산 전복이라면 전복 내장에 반투명하게 볼록 튀어나온 모래주머니를 제거합니다.

# 오이 깍두기

오늘은 오이소박이보다 훨씬 쉽게 만들 수 있는 오이 깍두기 어떠신가요? 김치 요리는 왠지 겁이 나는 분들도 쉽게 만드실 수 있답니다. 가시오이보다 물이 적고 단단한 백오이로 만들어 보세요.

레시피

① 잘 씻은 오이를 반 갈라 씨를 제거한 뒤, 먹기 좋게 썰어 주세요.
② 오이를 볼에 담아 소금 1T, 물엿 1.5T를 넣고 버무려 30분 정도 절입니다. 절인 오이는 헹구지 않고 체에 받쳐 물기를 제거해요.
③ 부추를 먹기 좋은 크기로 썰고, 청양고추 1개도 다져 주세요.
④ 고춧가루 1T, 멸치액 1T, 매실청 0.5T, 다진 마늘 0.5T, 생강 0.5t를 섞어 양념을 만들어 주세요.
⑤ 오이에 고춧가루 2T 넣고 버무리며 색을 입힌 뒤 양념과 부추, 청양고추를 넣어 마저 버무리면 완성입니다.

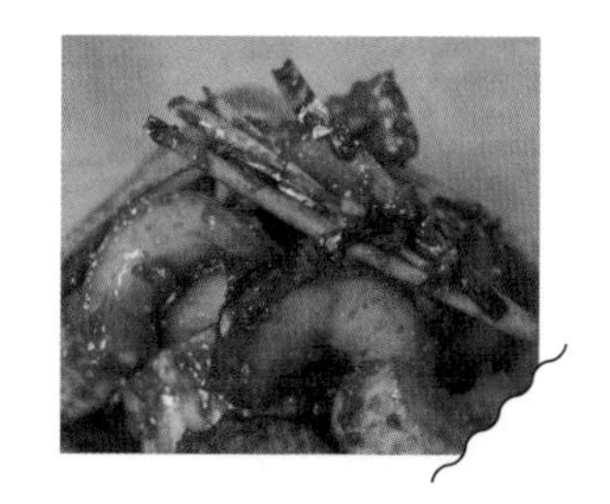

팁! 완성된 오이 깍두기는 반나절에서 하루 정도 실온에서 숙성한 후 냉장 보관하면 더 맛있어요.

# 여름철 식중독

생닭을 사면 흐르는 물에 한 번씩 세척하고 요리하셨을 거예요. 하지만 생닭은 세척하지 않는 것이 좋습니다. 세척하는 과정에서 캠필로박터 균, 살모넬라 균이 사방으로 튀며 주방을 오염시키기 때문이에요. 주방 도구나 식기류가 오염되면 오히려 식중독 위험도가 높아집니다.

75도 이상에서 1분 이상 조리하면 박테리아는 사멸하니, 흐르는 물에 씻지 않고 조리해도 괜찮습니다. 계란 껍질에도 식중독 균이 많이 존재하기 때문에, 특히나 여름철에는 계란을 만진 후 손을 잘 씻어야 식중독을 예방할 수 있습니다.

# 생선의 제철

생선의 제철은 언제일까요? 보통은 산란기 직전, 살이 통통하게 오르고 지방이 차오를 때를 이야기합니다. 또 다른 의미의 제철은 어획량이 많을 때이기도 하죠. 어획량이 많으면 가격도 저렴해지고요. 제철을 알면 맛과 영양이 풍부한 생선을 좋은 가격에 즐길 수 있습니다.

* 봄: 밴댕이, 볼락 송어, 임연수어, 참조기 등
* 여름: 날치, 농어, 도다리, 민어, 병어, 붕장어 등
* 가을: 갈치, 고등어, 꽁치, 삼치, 돌돔, 전어 등
* 겨울: 도루묵, 명태, 방어, 숭어, 아귀 등

# 복날과 삼계탕

복날은 1년 중 가장 더운 시기로 중국 진나라에서부터 시작되었다고 해요. 7~8월에 10일 간격으로 초복, 중복, 말복이 오죠. 복날에는 삼계탕을 많이 먹습니다. 매년 여름철에 나오는 기사를 통해 삼계탕집 앞에 길게 줄을 선 모습을 보셨을 거예요. 삼계탕은 다양한 한약재를 넣어 더운 날 떨어진 기력을 채워 주는 음식이에요. 땀을 흘려 빼앗긴 체력을 보충하죠. 낙지나 전복을 추가하기도 합니다. 재료들을 넣고 푹 고아 내면 되는데, 전기밥솥의 만능찜 기능으로 만들면 쉽고 맛있게 만들 수 있습니다.

# 식초

신맛은 음식에 어떻게 사용하냐에 따라 맛에 생동감을 불어 넣어요. 식초는 크게 자연 발효 식초(과일 식초, 곡물 식초)와 주정 발효 식초로 나뉩니다. 자연 발효 식초를 선택해야 하는 이유는 발효 과정에서 좋은 영양소를 얻을 수 있기 때문이에요. 제품 뒤편 식품 표기란에 주정, 주요가 들어가 있거나 향미제, 보존제가 들어가 있는 제품은 피하는 게 좋습니다.

식초 추천

[생생초] 사과초모식초 생초 사과
[데니그리스] 유기농 사과 식초
[청정원] 정통 현미 식초
[명인] 유기농 감식초

# 오이 크래미 치즈 김밥

여름 김밥은 상하기 쉬우니까 수분이 많은 재료는 넣지 않는 게 좋아요. 오이를 넣을 때도 생 오이를 넣기보다 오이를 절여서 물기를 제거하고 넣는 것이 좋답니다.

레시피

① 오이 2개의 씨 부분을 제거하고 굵게 채 썰어 주세요. 너무 얇게 썰면 식감이 없어져요.
② 오이에 소금 0.5t를 넣고 20분 정도 절인 뒤 물기를 꽉 짜 주세요.
③ 크래미 145g을 손으로 잘게 찢어 주세요. 마요네즈 2T, 와사비 0.5t를 넣고 잘 섞습니다.
④ 슬라이스 치즈를 반 잘라서 재료들과 함께 말면 완성입니다.

# 대패 삼겹살 덮밥

피곤한 날, 요리하기 싫은 날, 전자레인지로 간편하게 먹기 좋은 초간단 대패 삼겹살 덮밥 레시피입니다. '전자레인지로?'라는 의문이 생기지만 만들어 보면 쫀득쫀득한 식감이 굉장히 매력 있어요.

레시피

① 전자레인지 전용 그릇에 대패 삼겹살 150g과 쪽파 조금, 전분가루 1t를 넣고 잘 버무려 주세요.

② 설탕 1t, 간장 2t, 맛술 2t, 다진 마늘 1t를 섞어 양념을 만들고 삼겹살과 섞습니다.

③ 전자레인지에 그릇을 넣고 3분간 돌려 주세요.

④ 꺼내서 잘 섞은 뒤 다시 전자레인지에 넣고 1분 더 돌려 줍니다.

⑤ 밥 위에 삼겹살을 올리고 쪽파, 계란노른자, 후추 톡톡, 통깨 솔솔 뿌리면 완성입니다.

# 김밥 맛있게 간하는 방법

김밥에서 의외로 가장 중요한 것은 바로 밥입니다. 그동안 김밥용 밥 간을 어떻게 하고 계셨나요? 일반적인 밥을 다 짓고 나서 소금을 톡톡 뿌리는 방법으로는 어디는 싱겁고 어디는 짜고, 간 맞추기가 여간 어려운 게 아닙니다.

김밥용 밥을 안칠 때 미리 간을 해 보세요. 종이컵으로 쌀 1컵에 소금 0.5t를 넣으면 간이 딱 떨어집니다. 물은 쌀과 1:1 비율로 넣어 주세요. 평소보다 조금 적게 넣어서 고슬고슬한 밥을 한다고 생각해 주시면 됩니다. 다시마 1~2조각을 넣으면 더 맛있어요. 쌀 1컵에 김밥 2~3줄 정도를 만들 수 있으니, 여름철 나들이 갈 때 도시락으로 딱 좋습니다.

# 21



## 완두콩

완두콩의 빛깔은 봄 날씨와 닮았다는 생각이 들어요. 초록빛 푸르른 봄 풍경을 우리 집 식탁에서 완두콩으로 표현해 보세요. 완두콩은 쌀과의 궁합이 좋습니다. 처음부터 완두콩을 넣어서 밥을 안쳐도 좋고, 삶은 완두콩을 밥 위에 올려서 함께 먹어도 좋아요. 완두콩은 설탕과 소금을 넣은 물에 콩깍지째로 5분 정도 삶아 주면 맛있답니다. 이 시기가 지나면 냉동이나 통조림으로 만나야 하니까, 꼭 지금 드세요!

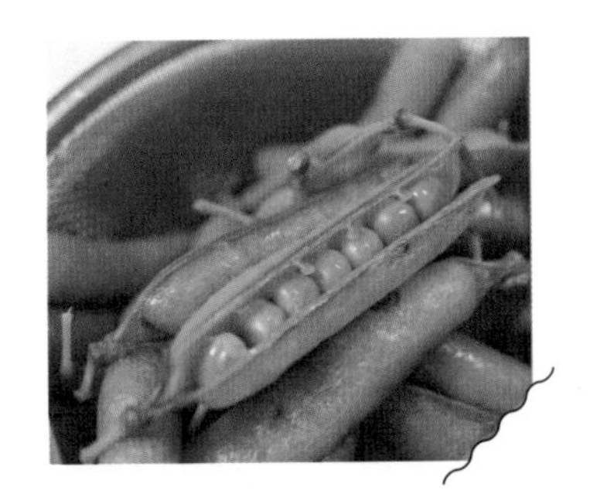

# 열무 김밥

여름 제철 열무의 아삭아삭한 식감이 매력적인 열무 김밥입니다. 열무, 유부, 당근 단 세 가지 재료로 만드는 김밥이에요. 재료는 간단하지만 정말 맛있답니다.

레시피

① 냉동 유부 50g을 상온에 해동합니다.
② 설탕 2t, 간장 1.5t, 물 100ml를 넣고 유부 양념장을 만듭니다.
③ 약불에 유부를 볶다가 양념장을 넣고, 물기가 없어질 때까지 볶아 주세요.
④ 손질한 열무는 데친 후 찬물로 헹궈 물기를 꽉 짜 주세요. 연두 혹은 소금으로 간을 하고 참기름을 조금 넣어 줍니다.
⑤ 당근 1개를 얇게 채 썰어 주세요. 기름 아주 살짝 두르고, 약불에 소금 1꼬집을 넣어 볶습니다.
⑥ 재료를 모두 넣고 김밥을 말면 끝입니다.

# 22



## 청경채

하우스 재배를 하는 청경채는 늘 볼 수 있는 채소이지만, 노지로 키우는 청경채는 봄, 가을이 제철이에요. 청경채는 중국 배추의 한 종류로 마라샹궈 같은 볶음 요리나, 굴소스로 볶아 낸 요리 등에 많이 쓰입니다. 청경채 자체가 가진 맛이나 향이 강하지 않아 양념의 맛을 살리기에 좋죠. 또 중국 요리의 기름진 맛을 한풀 꺾어 줘요. 아삭아삭한 식감, 수분감이 가득 차 있는 식감 덕에 입안 가득 신선함이 전달됩니다.

# 얼그레이 복숭아

SNS에서 유행했던 얼그레이 복숭아. 누가 만들었는지, 처음 맛보고 눈이 번쩍 뜨였어요. 여름에 집들이를 한다면 후식으로 자신 있게 내놓을 수 있는 맛있는 디저트입니다. 마스카포네 치즈까지 곁들여 먹으면 천상의 맛이에요.

레시피

① 얼그레이 티백을 뜯고, 찻잎을 절구에 갈아 주세요.

② 껍질을 까고 먹기 좋게 자른 복숭아 1개에 꿀 1t와 갈았던 얼그레이 찻잎의 반을 넣고 잘 버무려요. 냉장고에 30분 재웁니다.

# 중국식 볶음밥

집 볶음밥도 좋지만 중국집 볶음밥은 어쩜 밥알이 살아 있고 맛있는지, 역시 사 먹는 건 다르다고 생각하신 적 있으신가요? 딱 한 가지만 바꾸면 집에서도 고슬고슬 맛있는 중국식 볶음밥을 만들 수 있답니다.

레시피

① 찬밥을 준비해 주세요. 살짝 해동한 냉동밥, 즉석밥도 가능합니다.
② 일회용 장갑에 물을 살짝 묻히고 밥알을 살살 풀어 준 후, 밥에 식용유 1T를 넣고 한 알 한 알 코팅해 주세요. 고슬고슬한 비법입니다.
③ 계란 2개로 스크램블을 만듭니다.
④ 프라이팬에 기름을 조금 넣고 다진 파를 볶다가, 준비한 밥과 스크램블을 넣고 중강불로 볶습니다.
⑤ 굴소스 1t를 넣고, 소금을 살짝 뿌려 간을 맞춥니다.

팁! 볶음밥 간은 소금보다 굴소스 혹은 양조간장(또는 진간장)이 좋아요. 간장을 프라이팬의 가장자리에서 살짝 태우듯 끓이다 볶으면 감칠맛과 풍미가 높아집니다.

# 전주 가맥 축제

가맥이 뭔지 아세요? 가맥은 가게에서 먹는 맥주를 뜻하는 말입니다. 동네 가게 앞 작은 테이블에서 술과 안주를 간단히 먹는 전주의 문화이죠. 전주 근처에 있던 하이트 진로 공장이 이벤트로 전주의 가게에 파라솔과 의자를 배포하였는데, 그게 인기를 끌면서 지금까지 명맥을 이어 오는 중이라고 해요. 여름밤, 전주에 놀러 가 두툼한 계란말이와 바삭하게 구운 황태에 시원한 맥주 한 잔 했어요. 낡은 노포의 감성이 꼭 다른 시공간에 있는 느낌이었어요. 해장으로 전주 콩나물국밥까지! 알차게 즐길 수 있는 여름 전주 가맥 축제에 가족, 친구와 함께 놀러 가도 좋겠습니다.

# 24



## 멍게

바다의 꽃으로 불리는 멍게. 4~6월 사이에 나오는 통영 바다의 멍게를 드셔 보셨나요? 울퉁불퉁한 껍질 속에 숨겨진 멍게 속살의 시원한 맛과 은은하게 퍼지는 바다 향이 일품이에요. 짭조름하면서 쌉쌀한 맛, 씹을수록 목 끝에서 느껴지는 단맛에서 바다를 그대로 느낄 수 있습니다. 간편하게 초고추장에 찍어 먹어도 좋고, 멍게와 야채를 잔뜩 넣고 비벼 먹는 비빔밥도 정말 맛있어요.

# 전복 버터구이

사실 전복 버터구이는 너무 쉬운 요리 중 하나입니다. 버터를 적절한 순서에 잘 넣는 것이 중요해요. 버터구이라고 버터를 먼저 넣어서 볶으면 탈 수 있어요. 마지막에 넣어야 버터의 진한 풍미를 느낄 수 있습니다.

레시피

① 식용유 1T를 넣고 통마늘을 볶아 주세요. 통마늘이 다 익으면 전복을 넣고, 겉면이 익을 정도로만 볶습니다.
② 키친타월로 식용유를 닦아내고, 가염 버터를 넣어 다시 볶아 주세요.
③ 소금과 후추를 뿌리면 완성입니다.

# 25



## 멍게 비빔밥

멍게 비빔밥은 멍게를 초고추장에 찍어 먹는 것보다는 정성이 조금 더 필요하지만, 멍게의 단맛과 멍게 본연의 바다 향을 더 잘 느낄 수 있어요. 멍게에 양념만 조금 더하면 끝이라 어렵지 않으니, 초고추장 대신 멍게 비빔밥에 도전해 보세요.

(레시피)

① 손질된 멍게 150g에 소금 1꼬집, 다진 마늘 0.5t, 멸치 액젓 0.5t, 맛술 1t, 참기름 3t, 깨소금 2t, 쫑쫑 썬 홍고추를 넣고 섞어 멍게 양념장을 만들어 주세요.

② 밥에 멍게 양념장을 올리고 쫑쫑 썬 부추, 잘게 부순 김과 함께 비벼 드세요.

# 전복 솥밥

솥밥 중에서도 가장 근사한 솥밥이 아닐까 생각하는 전복 솥밥이에요. 반찬 없이 솥밥 하나만으로 근사한 밥상을 차릴 수 있답니다.

레시피

① 쌀 1컵을 잘 씻고 채반에 받쳐 30분간 마른 불림합니다.
② 손질된 전복 1팩(200g)을 준비합니다. 전복 살에 칼집을 내고, 전복 내장은 곱게 갈아 주세요.
③ 냄비에 무염 버터 7g을 넣고 전복 살을 살짝 볶습니다.
④ 전복 살은 잠시 빼 두고, 냄비에 전복 내장, 양조간장(또는 진간장) 1t, 미림 2t를 넣고 볶다가 쌀을 넣습니다. 다시마 육수 1컵을 넣고 뚜껑 닫아 끓여 주세요.
⑤ 뜸 들일 때 전복 살을 올려 주면 완성입니다.

# 26



## 병어

병어를 처음 봤을 때 '이 귀여운 생선은 뭐야?'라고 생각했어요. 넓적한 몸과는 달리 병아리처럼 작은 이목구비를 가진 앙증맞은 외모의 병어는 비린내가 적고 담백해요. 부드러운 속살이 특징이고, 잔뼈나 내장이 적어서 먹기 편합니다. 제사상에 올라가는 생선이기도 해요. 중국에서도 인기가 많은 생선인데, 수출이 늘어나며 한때 가격이 오르기도 했어요. 감자를 깔고 매콤한 양념을 올려 병어조림 만들어 보세요. 아이들과 함께 먹는다면 간장 양념도 좋습니다.

# 4

## 전복

한국인이 사랑하는 전복. 전복은 무더위가 한창인 여름이 제철입니다. 살이 단단하고 통통해 식감이 좋지요. 죽으로 만들어 먹으면 보양식이 되고, 버터 넣고 구워 먹으면 스테이크 못지않은 근사한 한 접시가 됩니다. 전복은 대부분의 영양소가 내장에 들어가 있어요. 전복죽을 끓일 때나 전복을 구워 먹을 때 내장도 같이 드시면 좋습니다.

어떤 전복이 싱싱한 전복인지 구별할 줄 아시나요? 껍데기 바깥 부분까지 살이 통통하게 나와 있는 것이 좋은 전복입니다. 빨판이 오므라지고, 활발히 움직이고, 서로 엉겨 붙은 것도 싱싱한 전복의 특징이에요. 맛있는 전복을 잘 골라 여름철 몸보신하세요.

# 27



## 더 간편한 마늘쫑무침

냉장고에 있는 반찬만으로 대충 식사를 차리기 아쉬울 때, 초간단 마늘쫑무침을 만들어 보세요. 불을 쓰지 않고도 5분 만에 맛있는 제철 반찬이 만들어진답니다. 전자레인지로 만든 줄은 아무도 모를 거예요.

레시피

① 마늘쫑 150g을 전자레인지 용기에 넣고 물 1T를 넣어 전자레인지에 2분간 돌립니다.
② 익힌 마늘쫑은 차가운 물에 한 번 헹궈 물기를 제거해 주세요.
③ 고춧가루 2t, 양조간장(또는 진간장) 2t, 맛술 1.5t, 식용유 2t, 매실청 0.5t, 물엿 1t, 고추장 1t를 넣고 섞어 전자레인지에 1분 돌려 주세요.
④ 마늘쫑에 양념장 쓱쓱 무쳐 주면 끝!

# 3



## 들기름 가지무침

식감 때문에 호불호가 있는 가지. 어떻게 하면 물컹하지 않고 쫄깃한 가지무침을 만들 수 있을까 고민하다 굽기, 찌기, 전자레인지로 익히기 등 여러 방법으로 테스트까지 했답니다. 제일 맛있었던 가지무침 레시피예요.

레시피

① 가지 2개를 먹기 좋은 크기로 잘라 소금 0.5t를 뿌리고 20분간 절였다가 물기를 꽉 짜 주세요.

② 프라이팬에 들기름 0.5T를 넣고 가지를 굽습니다. 잘 구워지면 꺼내서 한 김 식혀 주세요.

③ 고춧가루 1t, 양조간장(또는 진간장) 1t, 조선간장 0.5t, 올리고당 0.5t, 다진 마늘 0.5t, 다진 파 1t, 깨 넣고 섞어 양념장을 만듭니다.

④ 식힌 가지에 양념장을 조물조물 무쳐서 드세요.

# 차지키 소스

하얀 쌈장 또는 그리스식 쌈장이라고 불리는 차지키 소스를 아시나요? 그릭 요거트를 베이스로 하는 차지키 소스는 상큼하고 향긋해 채소 스틱에 찍어 먹거나, 샐러드랑 함께 먹기 좋아요. 빵 위에 올려 먹어도 부담스럽지 않아 간단한 아침 식사로 좋답니다.

레시피

① 오이 1개를 채칼로 얇게 썬 뒤, 소금을 조금 넣어 10분간 절입니다.
② 절인 오이를 면보에 넣고 물기를 꽉 짜 주세요.
③ 그릭요거트 100g에 오이를 넣고 올리브오일 1T, 레몬즙 1t, 올리고당 1t, 다진 마늘 0.5t와 소금을 조금 넣어 주세요. 취향껏 딜 같은 허브 종류를 넣어도 좋습니다.

# 수박

여름의 대표 과일, 수박. 거실에 모여 앉아 수박 한 조각씩 들고 텔레비전을 보고 있으면 '이게 여름이지' 생각하게 됩니다. 맛있는 수박 고르는 팁을 알려드려요.

맛있는 수박 고르는 법

1. 수박 아래 배꼽이 1cm 미만으로 작은 것을 고릅니다. 배꼽이 작은 암수박은 씨가 적고 당도가 높아요.
2. 거미줄처럼 할퀸 상처가 있는 수박을 찾으세요. 수박의 당도를 알아 본 벌이 할퀸 상처입니다.
3. 광이 나는 수박이 아닌, 흰색 과분이 많이 묻은 수박을 고르세요. 당도가 높은 수박이 뿜어내는 당밀입니다.
4. 길쭉한 수박보다는 동그란 수박을, 같은 크기일 때는 더 무거운 것을 선택하면 좋습니다.

# 29



## 허브

바질, 루꼴라, 딜, 파슬리, 로즈마리…. 장마가 오기 전까지는 허브가 잘 자라는 시기예요. 요즘은 허브도 유기농으로 키우는 곳이 늘어나 반갑습니다. 바질로 바질페스토를 만들고, 루꼴라를 샌드위치에 넣어 보세요. 샐러드에 딜을 올리고, 이탈리아 파슬리를 듬뿍 넣은 파스타도 좋습니다. 각각의 허브가 뿜어내는 향긋한 향 덕분에 식탁이 한층 더 다채로워질 거예요.

# 1



## 만국 공통 최고의 식재료

저는 동남아 여행을 좋아합니다. 비행기에서 내리자마자 뜨겁게 내리쬐는 햇빛, 습식 사우나에 들어가는 듯한 느낌에 활력이 돌아요. 동남아는 항상 더우니까 1년 내내 망고와 망고스틴을 먹을 수 있을 거라고 생각하지만, 여기도 제철이 있답니다. 제가 갔을 때도 망고스틴이 안 나는 때라 큰 마트를 가도 찾을 수가 없었어요. 태국 망고는 3~5월이 제철이라고 해요. 제철이 아니면 진한 단맛을 기대하기 어렵고 가격도 비싸다는 말을 듣고 재미있었어요. 4월쯤 태국에 가면 망고, 망고스틴, 리치 등 맛있는 과일이 많이 나온다고 합니다. 지금 가장 맛있는 제철 음식은 어느 나라에나 있네요.

# 30



## 미니 애플망고

일반 망고보다 더 달고 쫀득한 식감이 매력인 애플망고. 수정이 되면 큰 애플망고가 되고, 수정이 안 되면 미니 애플망고가 돼요. 작아서 먹을 게 있을까 싶지만, 일반 망고 씨와 달리 미니 애플망고 씨는 동전만 한 크기로 매우 작고 얇아 먹을 수 있는 과육이 많은 편입니다. 아는 분들은 미니 애플망고만 찾아요. 수입산보다 건강한 제주도 미니 애플망고는 5월이 제철이니, 놓치지 말고 꼭 드셔 보세요.

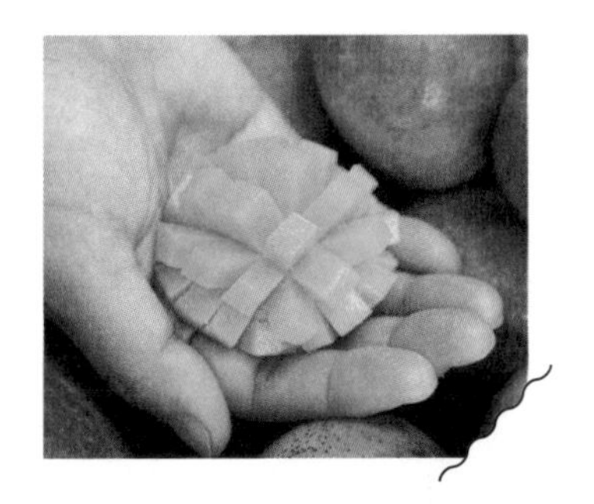

# 8월

# 31

## 피크닉 샌드위치

5월 말, 본격적으로 더워지기 전에 소풍 가기 참 좋은 날씨입니다. 소풍에는 샌드위치가 필수! 카페에서 파는 것보다 더 맛있는 황금 비율 샌드위치 소스 레시피를 공개합니다. 샌드위치에 들어가는 재료는 로메인, 양상추, 치즈, 계란프라이, 햄, 당근, 토마토, 파프리카 등 취향껏! 색깔을 다양하게 넣어 주면 예뻐요.

레시피

① 마요네즈 4t, 허니 머스터드 3t, 피클 랠리쉬 3t(또는 올리고당 1.5t), 홀그레인 머스터드 1t를 모두 섞어 주세요. 황금 비율 샌드위치 소스 완성입니다.

팁! 피클 랠리쉬는 피클, 머스터드 소스, 고추, 양파 등을 한데 섞어 놓은 소스입니다. 사 놓으면 핫도그나 햄버거에 넣어 먹을 수 있어 활용도가 좋아요.

# 간장 감자조림

맛있는 제철 식재료 챙겨 먹다 보니 7월의 마지막 날이 되었습니다. 오늘은 어린 시절 많이 먹던 정겹고 따뜻한 간장 감자조림으로 기운을 챙겨 보세요.

레시피

① 감자 3개(약 380g)를 먹기 좋은 크기로 깍둑썰기한 뒤, 찬물에 10분 정도 담가 전분을 뺍니다.
② 전자레인지 용기에 담아 뚜껑을 닫고 5분 돌려 주세요. 5분이 지나면 꺼내 식혀 줍니다.
③ 냄비에 식용유 0.5T를 넣고 감자를 살짝 볶아 주세요.
④ 감자를 볶던 냄비에 물 100ml, 양조간장(또는 진간장) 2T, 굴소스 1T, 설탕 1.5T를 넣고 졸입니다. 마지막으로 통깨를 솔솔 뿌려 주면 완성!

6월

30



# 도라지

호흡기, 기관지에 좋다고 알려진 도라지. 오래된 도라지는 산삼보다 낫다는 이야기가 있을 정도로 건강에 좋습니다. 이렇게 몸에 좋은 도라지이다보니, 중국산을 국내산으로 둔갑시켜 판매하는 경우도 있어요. 똑똑하게 골라야 하는 식재료입니다. 국내산 도라지는 원뿌리가 여러 갈래로 갈라져 있어요. 중국산은 원뿌리가 하나로 길게 뻗어져 있습니다. 깐 도라지의 경우 껍질이 일부 붙어 있는 건 국내산, 반대로 깨끗한 건 중국산일 확률이 높습니다.

# 1



## 블루베리

항산화 물질이 풍부하고 항암 효과가 뛰어나 10대 슈퍼푸드로 꼽히는 블루베리. 새콤달콤해서 한 알씩 집어 먹거나 요거트 스무디로 만들어 먹어도 맛있어요. 블루베리는 인디고크리습, 유레카, 신틸라 등 품종이 정말 다양해요. 품종마다 미묘한 차이가 있으니 혼합형 말고 단일 품종으로 골라 각각의 매력을 느껴 보세요.

### 블루베리 고르는 법

1. 국내산 친환경 블루베리일 것: 껍질째 먹는 과일이고, 아이들 간식으로 많이 주다 보니 무농약으로 골라요.
2. 바로 수확해 보내는 산지 직송일 것: 블루베리는 충격에 약해서 소비자에게 가기까지 시간이 지날수록 품질이 떨어집니다. 산지 직송 블루베리로 드셔 보세요.

# 29



## 오징어

7~8월은 오징어가 가장 많이 잡히고 회로 먹기에도 좋은 시기입니다. 제철 오징어 회는 부드러우면서도 쫀득한 식감에 누구나 좋아하죠. 오징어를 구매할 때는 오징어 몸통 색을 보세요. 초콜릿 색을 띠는 오징어가 좋습니다. 색이 옅어질수록 신선도가 떨어져요. 빨판이 온전히 붙어 있고, 살은 윤기 있고 광택이 나는 것으로 고르세요.

팁!　오징어볶음을 할 때 무수분으로 익혀 보세요. 데치는 것보다 본연의 감칠맛이 살아 맛있답니다.

# 2



## 블루베리 요거트바크

요거트바크는 요거트를 얼려 먹는 간식을 말합니다. 연예인 최화정 씨 유튜브에 소개되며 인기를 끌었죠. 다이어트를 선언했지만 아이스크림 없이 못 사는 남편에게 건강한 간식을 주고 싶어 만들어 보았어요. 어린이가 먹기에도 좋답니다. 요거트와 제철 블루베리의 조합이 정말 좋아요.

레시피

① 냉동실에 들어갈 평평한 용기에 종이 호일을 구겨서 깔고, 그릭 요거트를 얇게 부어 주세요. 그릭 요거트는 너무 꾸덕한 제형보다는 살짝 묽은 제형이 좋습니다.
② 과일과 견과류, 시리얼 등으로 취향껏 토핑을 올려 주세요.
③ 냉동실에 얼리면 끝!

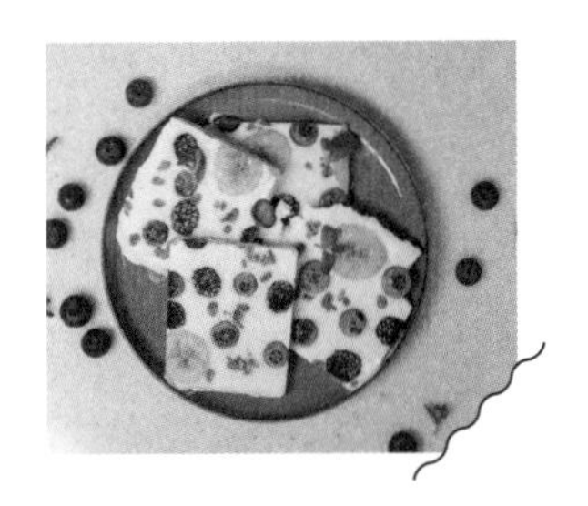

# 28



## 양념 감자전

그냥 감자전도 맛있지만, 감자전에 양념을 해서 구워도 정말 맛있답니다. 꼭 양념 감자칩같이 자꾸자꾸 먹고 싶은 중독적인 맛이에요.

레시피

① 감자 2개(약 240g)를 얇게 슬라이스해서 양조간장(또는 진간장) 2t를 넣고 20분 정도 재웁니다.

② 감자가 절여지면 물기를 꽉 짠 후 비닐봉지에 설탕 1t, 고춧가루 1t, 굴소스 1t를 넣고 흔들어 버무립니다. 잘 버무려지면 마지막으로 튀김가루 3T를 넣고 흔들어 주세요.

③ 프라이팬에 기름을 두르고, 잘 달구어지면 약불로 줄인 뒤 감자끼리 겹치게 놓아 주세요. 중약불에서 노릇노릇 구우면 됩니다.

# 방울토마토

6월은 토마토 맛이 절정으로 올라 맛있을 때입니다. 방울토마토는 크게 유럽종과 동양종으로 나뉘어요. 유럽종은 수프, 피자 등 한 번 끓이는 요리에 많이 쓰여요. 토마토 자체의 맛이 좋지는 않지만, 키우기가 쉬워서 많이 유통됩니다. 동양종은 생식으로 많이 먹어요. 유럽종보다 키우기가 힘들지만, '미니찰'이라는 품종은 토마토의 다채로운 맛과 식감이 월등히 좋아요.

방울토마토 보관법

1. 실온 보관: 꼭지를 제거한 뒤 키친타월을 아래에 깔고 햇빛이 들지 않는 서늘한 실온에 보관하세요.
2. 냉장 보관: 꼭지를 제거한 토마토를 깨끗하게 씻은 후 물기를 닦아 주세요. 밀폐 용기에 키친타월을 깔고 토마토를 넣은 뒤 한 번 더 키친타월을 깔아 주세요. 야채 칸에 넣어서 보관합니다.

# 27



## 바삭한 김치전

여름 장마철에는 집에서 전 부쳐 먹는 게 최고죠. 저는 막걸리와 최고의 짝꿍 김치전을 좋아해요. 맛있는 김치전을 만들려면 나무젓가락과 1:1:1 비율만 기억해 주세요. 튀김같이 바삭하게 만드는 비법이에요.

레시피

① 잘 익은 김치 1컵을 준비합니다. 김치가 너무 시면 설탕을, 김치가 덜 익었으면 식초를 조금 넣어 주세요.

② 전분가루와 튀김가루를 2:8 비율로 섞어 1컵 준비해 주세요. 차가운 물도 1컵 준비합니다.

③ 김치 1컵, 가루 1컵, 물 1컵을 잘 섞어 주세요. 반죽이 다소 묽어야 김치전이 바삭해요.

④ 프라이팬에 기름을 두르고 반죽을 얇게 펼쳐 굽습니다. 다 익기 전에 나무젓가락으로 중간중간 구멍을 내 주세요.

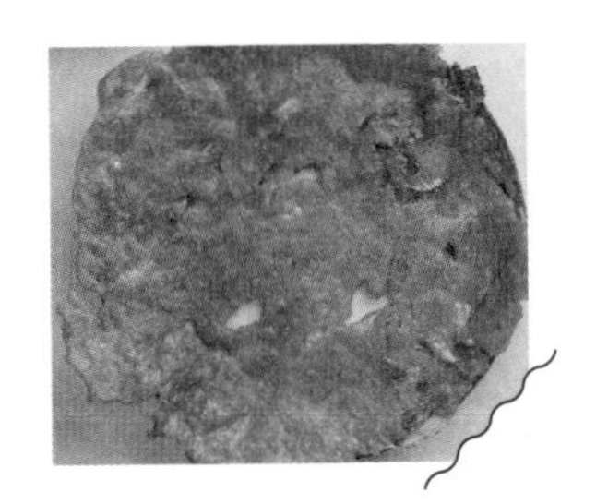

# 4

## 썬드라이 토마토

만들어 두면 든든한 썬드라이 토마토. 바질페스토를 바른 빵에 올려 먹어도 맛있고, 샐러드 위 토핑이나 파스타 등 어디에나 잘 어울려요. 말리면 부피가 확 줄기 때문에 방울토마토를 넉넉히 준비하세요!

레시피

① 방울토마토를 반 썰어 주세요.

② 오븐에 종이호일을 깔고 100℃에서 3시간 정도 구워 주세요.(에어프라이어는 종이호일 없이 100℃에서 90분) 쫀득한 젤리같이 구워지면 성공!

③ 공병에 잘 말려진 토마토를 넣고 토마토가 푹 잠길 만큼 올리브오일을 넣어 주세요.

④ 하루 정도 실온 보관, 그 뒤로는 냉장 보관하시면 됩니다. 바질이나 로즈마리 등을 같이 넣으면 더 맛있어요.

# 제철 과일 샐러드

참외를 얇게 잘라 샐러드를 만들면 색다른 느낌을 낼 수 있어요. 좋아하는 제철 과일을 올려 드세요. 복숭아나 포도와도 잘 어울립니다. 하몽을 올려 먹으면 근사한 와인 안주로 변신해요. 손님 대접용으로도 근사한 요리입니다.

레시피

① 참외 1개의 씨는 따로 빼 체에 걸러 과즙만 남기고, 과육은 필러로 얇게 슬라이스합니다.
② 참외 과즙과 식초 1t, 화이트 발사믹 1t, 설탕 1t를 섞어 주세요.
③ 참외와 참외 소스를 그릇에 담고, 후추를 톡톡 뿌려 딜과 같은 허브를 올립니다.
④ 그 위에 부라타 치즈와 복숭아 또는 좋아하는 제철 과일을 올리고 올리브오일로 마무리합니다.

# 5



## 규동

불고기보다 더 쉬운 규동이에요. 양념장에 재우지 않아도 돼서 10분 만에 완성할 수 있습니다. 규동으로 방구석 일본 여행을 떠나 보세요.

레시피

① 키친타월로 불고기용 소고기 300g의 핏물을 제거하고, 붙어 있는 고기를 떼어 주세요.
② 물 200ml에 다시마 2조각을 넣고 끓입니다. 물이 끓으면 다시마를 빼고 채 썬 양파 1개, 간장 1.5T, 쯔유 1.5T, 미림 1.5T, 설탕 1.5T를 넣고 더 끓여 주세요. 취향에 따라 생강을 조금 추가하면 일식 느낌을 낼 수 있습니다.
③ 끓는 국물에 소고기를 넣고 잘 익혀 주세요.
④ 밥에 소고기를 올리고 국물을 살짝 끼얹어 쪽파 송송, 계란노른자까지 올려 주면 완성입니다.

# 25



## 자두

복숭아보다 새콤하면서 단맛이 있어 매력적인 자두. 자두도 시기에 따라서 나오는 품종이 다릅니다. 가장 빨리 나오는 대석 자두는 크기가 작고 새콤달콤해요. 그다음으로 나오는 후무사 자두는 과즙이 풍부해 인기가 많은 품종이죠. 피자두는 속이 붉은색으로, 아삭한 식감을 갖고 있으며 신맛이 가장 두드러져요. 크기가 크고 당도도 가장 높은 추희 자두를 끝으로 자두의 계절은 끝이 납니다. 여름이 지나기 전에 맛있는 자두 먹기, 놓치지 마세요.

# 맛있는 쌈장

6월은 여행을 떠나기 참 좋은 계절이에요. 적당한 온도, 적당한 습도, 너무 덥지도 않은 날씨. 장마가 오기 전 초록빛의 자연으로 떠나 보세요. 캠핑, 글램핑에는 바비큐가 빠질 수 없죠. 캠핑 갈 때마다 꼭 만들어 가는 게 있는데, 바로 바비큐에 딱 어울리는 맛있는 쌈장입니다. 상추 쌈 크게 싸서 고추, 마늘, 삼겹살 넣고 쌈장 올려서 한입 크게 먹으면 입안에서 풍악이 울리는 기분!

레시피

① 된장 5T, 고추장 2T, 다진 마늘 1T, 다진 파 1T, 조청 1T, 매실액 1T, 땅콩버터 1T, 참기름 1T, 통깨를 넣고 섞어 주세요.

# 24



## 복숭아 보관법

금방 물러지는 복숭아는 바람이 잘 드는 서늘한 곳에서 후숙하는 것이 좋아요. 복숭아는 엉덩이 부분이 당도가 높아 꼭지를 아래로 놓고 보관하면 좋습니다. 냉장 보관할 때는 키친타월로 하나하나 감싸서 지퍼백이나 밀폐 용기에 담아 야채 칸에 보관하세요. 복숭아는 온도가 너무 낮으면 당도가 떨어지고 떫은맛이 날 수 있어요. 드시기 1시간 전에 미리 꺼내 냉기를 빼면 가장 맛있게 먹을 수 있습니다.

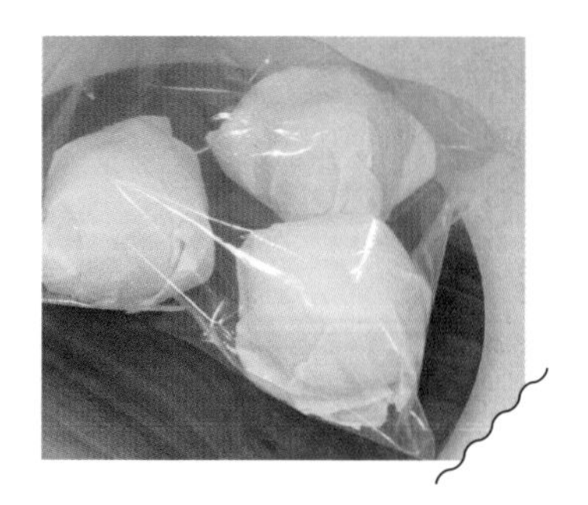

# 마늘

마늘 없이 한식을 논할 수 없죠? 각종 양념에 빠져서는 안 될 중요한 식재료입니다. 6월에 나오는 햇마늘은 수분이 많고 매운맛이 별로 없는 게 특징이에요. 햇마늘을 고를 때는 알이 단단하고 껍질이 자줏빛을 띠는 것으로 고르는 게 좋습니다. 건조 과정 없이 바로 유통되는 햇마늘은 장아찌용이고, 수확 후 건조해 유통되는 것이 우리가 평소에 쓰는 저장용 마늘입니다. 마늘은 미리 다져 놓기보다 요리할 때 바로바로 다져 주면 훨씬 풍미가 좋답니다. 햇마늘로 1년 먹을 장아찌를 담가 보는 건 어떨까요?

# 복숭아

많은 사람이 가장 좋아하는 과일로 꼽을 정도로 달콤하고 맛있는 복숭아. 딱딱한 복숭아 파와 물렁한 복숭아 파 사이에 가벼운 논쟁이 일어나기도 합니다. 복숭아는 수확 시기에 따라서 조생종, 중생종, 만생종으로 나뉘어요. 일찍 수확하는 조생종은 크기가 작고 새콤달콤합니다. 겉은 천도 같고 속은 백도 같은 신비 복숭아, 딱딱이 복숭아 대극천이 조생종입니다. 날이 더워질수록 크기가 커지고 과즙이 풍부해져요. 중생종으로는 마도카 백도, 만생종으로는 천중도 백도가 있습니다. 두 품종은 물복과 딱복의 중간인 쫀득한 식감을 가지고 있어요. 당도가 좋고 향이 기가 막힙니다. 시기에 맞춰 다양한 복숭아의 맛을 보는 것도 여름의 행복 중 하나입니다.

# 8



## 애호박

무더운 여름에도 생명력을 보여 주는 애호박은 제철이 되면 달큰한 맛이 한층 올라옵니다. 속이 편하고 동서양 음식을 넘나들며 여기저기 잘 어울리는 채소라 다양하게 요리하기 좋아요. 저는 계란 옷 입혀 노릇노릇 애호박전을 구웠습니다. 부드러운 채즙이 입안을 감싸면 기분이 좋아요. 5~6월에 제철을 맞으면 가격이 떨어지니, 애호박 많이 드세요!

# 제철 음식의 좋은 점

농업 기술의 발달로 이제는 대부분의 식재료를 365일 제철 없이 만날 수 있어요. 그래서 '제철 음식이 의미가 있어?'라고 물으실 수도 있어요. 하지만 우리는 봄, 여름, 가을, 겨울 사계절을 살고 있고, 그 속에 분명 제철도 있습니다.

제철 음식의 첫 번째 좋은 점은 가격이 싸다는 거예요. 가격이 저렴한 이유는 출하량이 많기 때문입니다. 여름 오이가 3개에 1,000원이라면 겨울 오이는 7,000원까지도 가죠. 또 영양학적으로도 제철 음식은 우리 몸에 도움이 돼요. 여름에 오이를 먹으면 갈증 해소가 되고 열을 낮춰 줍니다. 마지막으로 맛 차이도 있습니다. 여름 시금치는 맛이 없어요. 하지만 겨울 시금치는 정말 달고 맛있죠. 제철 식재료만 알고 마트에 가도 장 보는 게 달라질 거예요.

# 애호박나물

엄마가 차려 주신 저녁 반찬에 자주 올라오던 애호박나물. 프라이팬에 볶는 것도 맛있지만, 전자레인지로 만들면 담백한 애호박 본연의 맛이 느껴져서 좋아요. 쉽고 편해 자주 해 먹게 되는 요리입니다.

레시피

① 애호박 1개를 반달 썰기합니다. 양파 반 개는 채 썰고, 홍고추도 송송 썰어요.

② 야채를 모두 전자레인지용 그릇에 담고, 새우젓 0.5T, 맛술 0.5T, 다진 마늘 0.5T, 다진 파 1T를 넣어 섞습니다.

③ 뚜껑을 덮고 전자레인지에 3분 돌린 뒤, 꺼내어 섞어요.

④ 다시 3분 돌립니다. 전자레인지의 출력 정도, 애호박의 두께 등에 따라 완성 시간이 다를 수 있으니 살펴서 조리해 주세요.

⑤ 참기름 1t, 깨 뿌리면 완성!

# 21



## 매운 어묵 김밥

날이 더워지기 시작하면서 주방에 있기가 힘들죠. 그럴 땐 불 안 쓰는 김밥을 만들어 보세요. 만들기도 쉽고 집어 먹기도 좋아 자꾸자꾸 손이 가는 매콤한 김밥입니다.

레시피

① 어묵 220g을 얇게 썰고, 전자레인지 용기에 담아 기름 1T 넣고 잘 섞어 전자레인지에 3분간 돌립니다.

② 고춧가루 2T, 다진 마늘 0.5T, 맛술 1T, 설탕 1T, 간장 1.5T를 섞고 땡초 2~3개를 다져 넣어 양념을 만듭니다.

③ 어묵에 양념을 버무린 뒤 전자레인지에 1분 30초 더 돌려 주세요.

④ 깻잎, 단무지, 참치마요와 방금 만든 매운 어묵을 넣어 김밥을 말면 완성입니다.

# 10



## 김치에 담긴 마음

남편이 갓 담근 김치를 좋아해서, 저희 엄마는 김치를 매번 새로 담가서 보내 주세요. 일반 김치는 기본이고 제철에 맞게 봄동 김치, 파김치, 열무김치, 총각김치 종류별로 택배가 와요. 그런데 얼마 전에 동생한테 연락이 왔어요.

"언니~ 왜 엄마한테 김치 맛있다고 안 했어! 엄마가 김치 맛없냐고 물어보잖아."

맛있는 게 너무 당연해서 따로 말하지 않은 거였는데, 역시 당연한 것도 늘 표현해야 해요. 표현하지 않으면 몰라요. 고마운 것도 매번 고맙다, 맛있는 것도 매번 맛있다, 알려 주기로 해요. 음식 안에는 만드는 사람의 사랑이 가득 담겨 있으니까요.

# 20



## 찰옥수수

여름이면 떠오르는 대표적인 채소, 옥수수! 밖에서 파는 찰옥수수는 삶을 때 소금, 설탕, 뉴슈가를 넣어 맛을 내요. 그런데 사실 갓 딴 옥수수는 아무것도 넣지 않아도 그 자체만으로 맛있습니다. 옥수수를 삶을 때 껍질을 전부 벗기지 마세요. 껍질은 두세 겹 남기고 물은 옥수수가 잠길 정도로 넣어서 삶아 주세요. 수염까지 함께 넣어야 더 달콤하고 구수해져요. 삶은 물도 버리지 마시고 식혀서 드세요.

# 11



## 셀러리

미나리와 같은 과에 속하는 아삭한 채소 셀러리. 특유의 향과 맛이 있어 호불호가 갈려요. 셀러리는 대부분 수분으로 이루어져 있기 때문에 느껴지는 포만감에 비해 칼로리가 낮고, 섬유질이 많아 다이어트를 하시는 분들께 추천하는 채소입니다. 씻은 후 그대로 아삭하게 드실 수 있어요. 껍질이 두꺼워 식감이 질길 때는 필러로 껍질을 벗겨 내 드시면 됩니다. 마요네즈나 땅콩버터에 찍어 먹어도 맛있어요.

# 매콤 가지 덮밥

고추 기름, 두반장 없이도 중화풍의 매콤한 가지 덮밥을 만들 수 있어요. 집에 있는 쌈장만 있으면 가능합니다.

레시피

① 어슷하게 썬 가지 2개와 감자 전분 2T를 봉지에 넣고 흔들어 주세요.
② 프라이팬에 기름을 넉넉하게 두르고 가지를 굽습니다. 노릇노릇해지면 팬에서 빼 주세요.
③ 설탕 0.5T, 간장 1.5T, 맛술 3T, 굴소스 1T, 다진 대파 2T, 다진 청양고추 반 개, 쌈장 1t, 후추를 넣고 잘 섞어 양념장을 만듭니다.
④ 팬에 식용유 2T, 다진 마늘 1T, 다진 돼지고기 150g을 넣어 약불에 볶아요.
⑤ 고기가 어느 정도 익으면 고춧가루 2T를 넣고 약불로 고추 기름을 내 주세요. 양념장, 다시마 우린 물 50ml를 넣고 중강불로 바꿔 줍니다.
⑥ 채 썬 양파 1/4개와 가지를 넣고 빠르게 볶아 양념을 입히면 완성입니다.

# 샐러드 파스타

더운 날씨에 딱 어울리는 샐러드 파스타. 시판 소스를 사용한 게 아닌지 의심이 들 만큼 맛있어요. 소스가 겉돌지 않고 파스타 면에 착 감기는 레시피입니다.

레시피

① 익힌 새우 10마리, 로메인 2~3장을 먹기 좋게 썰고, 양파 1/6개는 얇게 채 썰어 물에 담가 놓습니다. 초당 옥수수는 알만 분리합니다.

② 화이트 발사믹 2T, 간장 1.5T, 올리고당 1T, 올리브오일 2T, 다진 마늘 0.5T, 칠리소스 0.5t, 케첩 0.5t를 넣어 잘 섞어 주세요.

③ 냄비에 물 1.5L, 소금 1t을 넣고 얇은 스파게티니면 150g을 삶아 주세요. 익은 면은 펼쳐서 한 김 식힌 뒤, 소스를 반 넣어 섞어 주세요.

④ 준비한 재료와 남은 소스를 넣어 버무려 주세요. 마지막으로 그라나 파다노 치즈를 갈고 후추를 뿌려 마무리합니다.

# 18



## 가지

어릴 때는 가지의 색깔도, 식감도 싫었어요. 다 커서 가지의 맛을 알고 나서는 제철을 기다립니다. 쪄서 먹으면 부드럽고, 구워서 먹으면 쫄깃하고, 튀겨서 먹으면 채즙이 입 안에서 환호를 지릅니다. 가지가 예쁜 보랏빛을 띠는 것은 안토시아닌이라는 항산화 성분 덕분이에요. 열을 식혀 주는 차가운 성질도 가졌기 때문에 더운 날씨에 먹으면 건강에 도움이 됩니다. 다만 솔라닌이라는 독성이 있어 생으로는 드시면 안 돼요. 열을 가하면 없어지기 때문에 반드시 익혀 드세요. 여름 가지는 햇빛을 많이 받아 과육이 단단해 무침으로 만들어 먹으면 맛있어요. 천천히 자란 가을 가지는 부드러워 튀김으로 제격입니다.

# 초당 옥수수

6월 중에서도 딱 2~3주 동안은 달콤한 초당 옥수수가 제철입니다. 최근에는 육지에서도 재배하지만, 본고장은 제주도에요. 탄수화물이 많은 일반 옥수수와 달리 70%가 수분으로 이루어져 있어 달달한 맛에 비해 열량이 낮습니다. 꼭 산지 직송으로 구매해서 드세요. 초당 옥수수는 수확 직후부터 당분이 녹말로 바뀌기 시작해 식감이 텁텁해지고 맛이 떨어져 신선함이 생명입니다. 옥수수 껍질을 하나하나 벗기는 것도 힐링되는 시간이랍니다. 옥수수 수염은 말려서 차 끓여 드세요!

### 초당 옥수수 보관 방법

1. 껍질째 밀봉 후 냉장 보관하세요.
2. 오래 두고 먹을 옥수수는 찜기 혹은 전자레인지로 조리하신 후, 바로 밀봉해서 냉동 보관하세요.

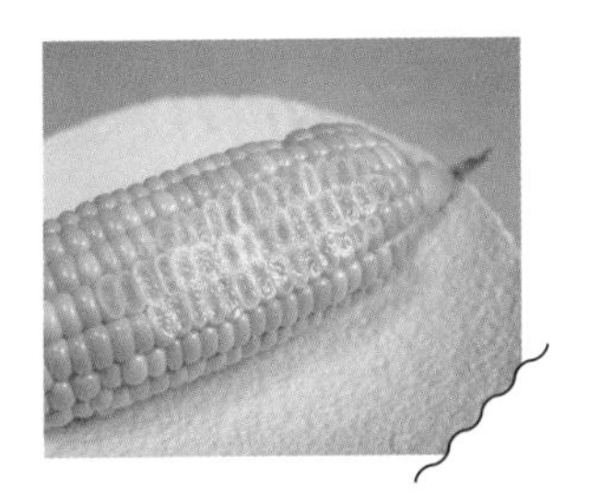

# 17



## 강낭콩과 호랑이콩

콩밥이 몸에 좋다는 건 다 알고 계시죠? 강낭콩은 소화를 돕고 단백질이 풍부할 뿐 아니라 필수 아미노산이 들어 있어 영양학적 밸런스가 좋습니다. 어린이 성장에도 도움을 주는 건 유명하죠? 햇강낭콩이 나오면 밥 지을 때 넣어 보세요. 푹 익혀서 샐러드에 넣어도 좋아요.

고소한 밤 맛이 나는 호랑이 콩도 이맘때가 제철입니다. 여성에게 좋은 이소플라본이 많이 들었고, 관절 건강에 좋아 많이 챙겨 드시는 콩이에요. 콩을 보관할 때는 꼬투리째 냉장 보관하는 것이 좋습니다. 오래 먹으려면 데쳐서 냉동 보관하세요.

# 초당 옥수수 먹기

초당 옥수수는 생으로 먹어도 과일 같은 단맛이 나서 맛있어요. 껍질째 보관해야 수분이 날아가지 않습니다. 익혀서 드실 때는 절대 삶지 마세요. 삶으면 단맛과 수분이 빠져나가서 맛이 없어요. 네 가지 방법으로 즐겨 보세요.

초당 옥수수 맛있게 먹는 법

1. 껍질 제거 후 가볍게 생으로 먹기
2. 전자레인지에 3~5분 돌리기
3. 찜기에서 증기로 7~10분 찌기
4. 에어프라이어로 180도에 20분 굽기

팁! 초당 옥수수를 넣고 밥을 지어 보세요. 칼로 알을 분리해서 넣고, 남은 옥수수속대도 같이 넣어 주세요. 은은한 단맛이 잘 뱁니다. 솥밥을 만들어도 좋아요.

# 16



## 메밀면 고르기

저는 메밀국수를 좋아해요. 구수한 메밀 향과 투박한 듯 거친 면의 식감이 매력적이죠. 그런데 메밀면의 성분표를 보면 밀가루와 메밀이 8:2의 비율로 만들어진 게 대부분입니다. 왜 메밀면이라고 하면서 다들 밀가루를 많이 섞을까요? 메밀은 비싸기도 하고, 찰기가 없어서 뚝뚝 끊겨요. 그래서 보통 상대적으로 싼 밀가루를 섞어서 단가를 맞추고, 쫄깃한 식감을 보완합니다. 그런데 요즘에는 기술의 발전으로 메밀 100%인데도 쫄깃하고 탱글탱글한 식감을 내는 제품들이 생겨나고 있어요. 100% 메밀면은 밀가루 소화력이 떨어지는 분들도 속 편하게 드실 수 있답니다.

# 참치 옥수수전

어릴 적 엄마가 해 주시던 음식이에요. 의외의 조합인데 잘 어울린답니다. 엄마는 참치에 통조림 옥수수를 쓰셨는데 저는 초당 옥수수로 만들어 봤어요. 참치의 짭쪼름한 맛과 옥수수의 톡톡 터지는 식감이 정말 잘 어울려요.

레시피

① 기름을 뺀 참치 캔 1개(135g)를 준비해 주세요. 초당 옥수수 반 개는 알만 분리합니다.
② 참치 캔과 옥수수 알, 부침가루 4T, 물 3T를 섞어 반죽을 만듭니다.
③ 프라이팬에 기름을 두르고 노릇하게 구워 주세요. 크게 부치지 말고 주먹보다 작은 크기로 여러 장 나눠 부치는 게 좋아요.

# 애호박 메밀 막국수

담백한데 고소하고, 고소한데 담백한 애호박 메밀 막국수. 애호박의 달큰한 맛이 들기름과 잘 어울려서 자꾸 손이 가는 여름 국수입니다.

(레시피) (2인분 기준)

① 프라이팬에 들기름 1T를 두르고, 채 썬 애호박 1개에 소금을 약간 뿌려 볶습니다.

② 메밀면 2인분(300g)을 삶아 주세요.

③ 양조간장(또는 진간장) 1.5T, 소바 장국(또는 쯔유) 1.5T, 들기름 1.5T, 식초 0.5t 넣고 잘 섞어 양념장을 만듭니다.

④ 삶은 메밀면에 양념장을 넣고 섞어 주세요. 애호박 올리고 곱창 김, 깨소금까지 듬뿍 올리면 완성!

## 냉동 블루베리

블루베리는 생으로 먹으면 당도가 높고 비타민 C가 많이 함유되어 있지만, 냉동하면 항산화 성분인 안토시아닌, 베타카로틴이 증가하고 열량도 떨어진답니다. 혹시 그동안 냉동 블루베리를 사 드셨나요? 냉동 블루베리는 바이러스가 검출되어 전량 회수된 적도 있었죠. 이제부터는 제철에 통통하게 맛이 오른 생블루베리를 직접 얼려 보세요. 30초 정도 흐르는 물에 씻고 물기를 꼼꼼히 제거해서 지퍼백에 담아 얼려 주면 끝! 2시간 후에 한 번 흔들어 주면 꽝꽝 얼기 전에 알알이 잘 흩어져서 먹기 편해요.

# 꽈리고추 항정살볶음

맛있는 항정살과 제철 꽈리고추에 미소 된장 특제 양념을 더한 볶음입니다. 양념이 잘 밴 제철 꽈리고추는 아삭한 식감과 향으로 고기의 느끼함을 잡아 줘요.

레시피

① 꽈리고추 70g을 먹기 좋은 크기로 썰어요.
② 물 50ml, 미소 된장 1T, 간장 1.5T, 맛술 1T, 올리고당 1T, 다진 마늘 1T, 다진 양파 2T, 후춧가루를 넣고 잘 섞어 양념장을 만듭니다.
③ 항정살 300g을 굽습니다. 노릇노릇 구워지면 프라이팬을 기울인 뒤 키친타월로 기름을 일부 닦아 주세요.
④ 프라이팬에 바로 양념장을 넣고 졸입니다.
⑤ 마지막으로 꽈리고추를 넣습니다. 좀 덜 익었다 싶을 정도까지만 볶고 불을 꺼 주세요.

# 17



## 장조림

저는 냉장고에 한 번 들어 갔다 나온 반찬은 손이 잘 안 가요. 하지만 냉장고에 있으면 든든한 반찬도 있지요. 바로 장조림입니다. 장조림만 있으면 메인 요리가 없어도 빈약하지 않은 밥상이 돼요.

레시피

① 통 양지 소고기 600g을 30분간 물에 담가 핏물을 제거해 주세요.
② 물 600ml에 양파 껍질, 파, 마늘, 다시마, 표고버섯, 건고추 그리고 소고기를 넣어 40분간 푹 삶아요.
③ 고기는 꺼내서 한 김 식힌 뒤, 결대로 찢거나 먹기 좋은 크기로 썹니다.
④ 고기를 삶았던 육수는 체에 불순물을 한 번 걸러 주세요.
⑤ 불순물을 거른 육수 400ml에 다시 고기를 넣고, 간장 4T, 참치액 2T, 미림 2T, 설탕 1T, 후추를 넣어 10분 정도 끓입니다.

# 13



## 깻잎

쌈 싸 먹을 때 빠질 수 없는 깻잎. 깻잎이 들깨의 잎이라는 걸 몰랐던 분도 계실 것 같아요. 깻잎은 사계절 내내 마트에서 쉽게 구할 수 있지만, 7월에는 제철을 맞아 깻잎의 향이 더욱 짙어집니다. 깻잎은 줄기 부분을 물에 젖은 키친타월로 감싸 보관하거나, 긴 병에 세워 줄기 부분을 물에 살짝 담가 놓으면 더 오래 보관할 수 있어요. 하지만 시간이 지날수록 맛과 향이 옅어지기 때문에 신선할 때 드시는 것이 가장 좋습니다. 깻잎을 먹는 나라는 우리나라뿐이라고 해요. 이렇게 맛있는 걸 우리나라 사람들만 먹는다니, 더 열심히 먹어야겠습니다.

# 바삭한 감자전

어떤 스타일의 감자전을 좋아하세요? 감자를 강판에 갈아 만든 쫀득한 감자전은 막걸리와 어울린다면, 채 썰어서 바삭하게 만든 감자전은 맥주와 잘 어울리는 듯해요. 바삭한 감자전 만들 때 마늘을 채 썰어서 같이 부치면 마늘의 은은한 향과 풍미가 더해져 매력적이랍니다.

레시피

① 감자 3개를 얇게 채 썰어 주세요. 얇을수록 바삭해요.
② 감자가 잠길 정도의 물에 소금 1t를 넣고, 감자를 10분 정도 담가 전분기를 빼 주세요.
③ 10분이 지나면 감자의 물기를 꼭 짠 뒤 튀김가루 3T를 넣어 버무립니다.
④ 기름을 넉넉하게 두르고 감자를 노릇노릇하게 부쳐 주면 완성입니다.

팁! 마지막에 치즈를 넣어도 맛있어요. 반죽의 가운데에 치즈를 넣고 반 접어 주세요.

12



# 국물이 자작한 비빔국수

냉면을 먹을 때 비빔 냉면을 먹을까, 물냉면을 먹을까 고민하게 되죠? 저는 결정을 어려울 때 비빔 냉면을 시켜서 육수 조금 넣고 국물을 자작하게 만들어 먹습니다. 비빔국수도 국물 자작하게 만들어 보세요.

레시피

① 고춧가루 2T, 다진 마늘 1T, 식초 2T, 간장 2T, 매실청 2T, 참기름 2T, 고추장 4T, 물 100ml, 갈아 만든 배 200ml, 김치 반 컵을 넣고 잘 섞어서 양념장을 만들고 30분 숙성해 주세요.

② 냄비에 물 1.5L와 소금 1t를 넣습니다. 물이 끓으면 소면 200g을 넣어 주세요.

③ 소면이 익으면 찬물에 넣어 바락바락 씻습니다.

④ 그릇에 소면과 양념장을 넣고 고명으로 깻잎, 오이, 계란을 올리면 완성입니다.

# 19



## 매실

매실은 크게 청매실과 황매실로 나뉩니다. 껍질이 연한 녹색을 띠며 과육이 단단하고 신맛이 강한 것이 청매실, 빛깔이 노랗고 완전히 익어 향이 좋은 것이 황매실입니다. 매실은 뛰어난 천연 소화제예요. 매실에 풍부하게 함유된 카테킨 성분은 살균 작용을 하고 장을 운동시켜 소화 활동에 도움을 줍니다. 초록빛 매실이 하나둘 시장에 모습을 보일 때, '벌써 매실청을 담글 때가 왔구나!' 싶어 여름이 성큼 다가왔음을 느껴요.

# 참치 쌈장

덥고 지친 여름, 불 쓰지 않고 간단히 만들 수 있는 참치 쌈장입니다. 된장, 고추장으로 만든 것도 맛있지만 이렇게 만들면 강렬한 장맛이 참치의 맛을 가리지 않아서 좋아요. 깻잎이나 호박잎에 넣어 쌈밥으로 만들어 먹으면 입맛이 확 돌아요.

레시피

① 기름을 뺀 참치 캔 1개(135g)를 준비합니다.
② 고춧가루 2t, 간장 1t, 참치액 1t, 맛술 1t, 참기름 1t, 다진 마늘 1t, 다진 양파 1t, 다진 파 1t, 다진 청양고추, 깨 넣고 잘 섞어 주세요.

# 20



## 방울토마토 매실절임

방울토마토 매실절임은 레시피라고 할 것도 없을 만큼 간단하지만, 엄청 중독적인 맛이에요. 매실은 소화가 잘 되는 효능이 있는 거 아시죠? 식후에 차가운 토마토 매실절임 2~3알을 먹으면 소화에도 좋고 맛있어요. 술안주로도 최고랍니다.

레시피

① 방울토마토는 꼭지를 떼고, 윗부분에 일자 모양으로 칼집을 냅니다.
② 끓는 물에 방울토마토를 넣고 3~40초 정도 데쳐 주세요. 껍질이 들떠서 갈라지려고 할 때 불을 끄고 찬물로 열기를 한 김 식혀 줍니다.
③ 방울토마토의 껍질을 살살 벗겨 주세요.
④ 유리병에 방울토마토를 담고, 매실청을 방울토마토가 반 정도 잠길 정도로 넣어 주세요. 레몬즙 살짝 추가해 주면 끝!

# 꽈리 고추찜

전자레인지로도 꽈리 고추찜을 쉽게 만들 수 있답니다. 전자레인지로 만들면 좀 더 쫀득쫀득해져요. 저는 이 식감을 좋아해서 자주 만들어 먹어요.

레시피

① 고춧가루 1t, 간장 1.5t, 설탕 1t, 다진 파 1t, 다진 마늘 0.5t을 섞어 양념장을 만듭니다.
② 잘 씻은 꽈리고추 100g의 물기를 털고, 찹쌀가루 1t를 입혀 주세요.
③ 전자레인지용 그릇에 넣어 뚜껑을 닫고 4분간 돌립니다.
④ 4분이 지나면 꺼내서 찹쌀가루가 꽈리고추에 잘 묻을 수 있게 섞고, 펼쳐서 한 김 식혀 주세요.
⑤ 만든 양념장과 참기름 0.5t를 넣고 버무린 뒤 깨를 뿌리면 완성입니다.

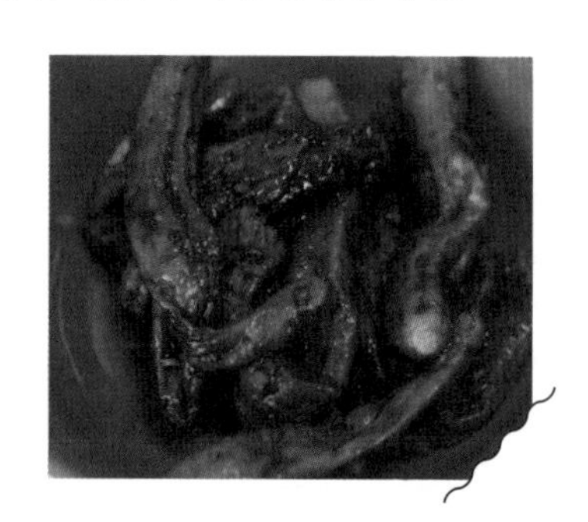

# 21



## 감자

태양이 가장 높이 뜨는 날을 하지라고 합니다. 이때 전후로 수확하는 감자를 하지 감자라고 부르죠. 감자 칩 브랜드들이 이때 수확한 햇감자로 감자 칩을 만들고 감자 칩 전면에 표시하며 마케팅을 하기도 합니다. 홍감자, 설봉, 추백, 수미, 금선 등 감자도 품종이 굉장히 다양해요. 전분의 입자에 따라 크게 점질 감자, 분질 감자로 나뉘어요. 옛날에 할머니가 내어 주던 포슬포슬한 감자가 그립다면 분질 감자를 삶아 보세요. 분질 감자의 대표적인 품종은 두백이 있습니다. 점질 감자의 대표적인 품종은 추백이에요.

# 9



## 꽈리고추

꽈리고추는 일반 고추와는 달리 표면이 쭈글쭈글한 고추예요. 일반 고추에 비해 매운맛이 적고 부드럽습니다. 풋고추, 청양고추, 오이고추에 비해 비타민 K가 풍부해 뼈 건강에도 도움을 줍니다. 비타민 K는 지용성 비타민이므로 기름에 조리했을 때 흡수율을 높일 수 있어요. 요리에 쓸 때는 포크로 꽈리고추에 구멍을 뽕뽕 뚫어 보세요. 고추 안쪽까지 양념이 잘 스며듭니다.

# 감자 신선하게 보관하기

혹시 감자를 냉장 보관하고 계시나요? 감자는 빛을 차단하고 서늘한 실온에 보관해야 하는 채소입니다. 감자를 냉장고에 보관하면 저온 피해를 입어 요리 시 발암 물질이 나올 수 있어요. 그렇다고 햇빛이 있는 곳에 두면 독성 물질인 솔라닌 함량이 높아집니다.

감자 보관법으로 많이 알려진 신문지, 보냉 파우치, 사과 보관법 모두 시도했지만 전부 실패했어요. 그러다 알게 된 방법은 모래입니다. 박스나 종이 가방에 모래를 붓고, 감자를 모래에 묻어 둡니다. 모래는 인터넷에 검색하시면 구매할 수 있어요. 빛이 차단되고 서늘한 온도가 유지가 되니 수분이 마르지 않아 신선한 상태가 오래 유지됩니다.

## 전자레인지 요리

전자레인지는 보통 냉동 식품을 해동하거나, 이미 만들었던 요리를 데워 먹을 때 쓰죠. 그러나 전자레인지도 잘 활용하면 요리를 뚝딱 완성할 수 있습니다. 전자레인지는 음식 안에 있는 물 분자를 진동시키면서 열을 발생시켜 음식을 따뜻하게 만들어요. 온도가 높지 않고 조리 시간이 짧기 때문에 영양소 보존에 유리하다는 장점이 있습니다. 실제로 전자레인지로 채소를 익혔을 때 삶고 데치는 것보다 영양 손실이 적다는 연구 결과가 있습니다. 편리함은 덤이죠. 전자레인지에 가까이 붙어서 쳐다보고 있지 않는 이상 전자파는 걱정하지 않아도 됩니다.

# 매콤한 감자조림

감자가 부서지지 않고 쫀득하게 만들어지는 감자조림 레시피입니다. 매콤한 양념이 정말 맛있어요.

레시피

① 껍질을 벗긴 감자 3~4개와 새송이버섯 2개를 먹기 좋은 크기로 썰어 주세요. 감자는 물에 담가 전분을 씻습니다.

② 감자의 물기를 닦고 볼에 담아 물엿 3T, 소금 1t 넣고 2~30분 재워 주세요.

③ 고춧가루 3t, 다진 마늘 1t, 간장 2t, 참치액 2t, 맛술 2t와 청양고추 1개도 다져 넣어 양념장을 만듭니다.

④ 식용유 1T에 다진 쪽파를 넣어 볶다가 감자와 감자 재운 물, 버섯, 양념장을 넣어 잘 섞어 주세요. 뚜껑을 닫고 중약불에서 익혀 줍니다.

## 훈제 오리 단호박찜

단호박찜에 훈제 오리를 양념해서 같이 드셔 보세요. 단호박에 매운 양념, 거기에 치즈까지! 세 가지 조합은 절대 실패 할 수 없어요. 간단하지만 폼 나는 요리입니다.

레시피

① 단호박을 먹기 좋게 잘라 전자레인지 용기에 담고, 뚜껑을 닫아 전자레인지에 돌립니다.

② 간장 1.5T, 고춧가루 2T, 맛술 1T, 알룰로스 1.5T, 고추장 1t, 다진 고추를 넣어 양념장을 만듭니다.

③ 훈제 오리 슬라이스 500g에 양념장을 넣고 볶아 주세요.

④ 그릇에 찐 단호박과 볶은 훈제 오리를 함께 담아 주세요. 모짜렐라 치즈를 위에 얹어 주면 끝입니다.

# 24



## 피망과 파프리카

피망과 파프리카가 헷갈리시나요? 피망은 적색과 녹색 두 종류이며 울퉁불퉁해요. 약간의 매운맛이 있어 피자나 볶음 요리에 주로 쓰입니다. 파프리카는 색이 다양하고 매끈합니다. 색깔에 따라 효능도 조금씩 달라요. 빨간색은 항산화와 면역력에, 노란색은 혈관 건강에, 주황색은 눈 건강에, 초록색은 빈혈 예방에 좋답니다. 파프리카는 피망에 비해 단맛이 있어 샐러드에 주로 사용합니다.

피망과 파프리카 모두 꼭지를 제거하지 않은 채 랩으로 개별 포장해 냉장고 야채 칸에 보관하면 신선하게 보관이 가능합니다. 제철 피망과 파프리카는 아삭한 식감, 은은한 단맛이 정말 맛있으니 장바구니에 꼭 담아 보세요.

# 단호박 맛있게 찌기

단호박은 찜기나 전자레인지를 활용해 찌는 방법이 일반적입니다. 같은 기구를 사용해도 단호박을 놓는 방식에 따라 다른 식감을 즐길 수 있어요.

* 찜기 사용 시: 껍질이 아래로 가게 두면 물이 고여 촉촉하게 쪄지고, 옆으로 눕혀서 익히면 좀 더 퍽퍽하게 쪄집니다.
* 전자레인지 사용 시: 꼭지가 아래로 가도록 뒤집어 익혀 보세요. 이렇게 찌면 속도 고루 잘 익고, 속을 파내다가 바닥이 뚫릴 일도 없어요. 호박 아랫부분이 상대적으로 약해서 쉽게 무를 수 있기 때문에 보관할 때도 꼭지가 아래로 가게 뒤집어 놓으면 좋습니다.

# 닭볶음탕

닭볶음탕은 왜 식으면 더 맛있을까요? 식으면 온도가 내려가 빠진 수분을 다시 빨아들이면서 양념이 속까지 배기 때문입니다. 오늘은 닭볶음탕을 한 김 식힌 후 다시 끓여서 먹어 보세요. 정말 맛있어요!

레시피

① 닭 1kg을 맹물에 넣고 5분 동안 끓여 불순물을 제거합니다. 흐르는 물로 안쪽 내장도 꼼꼼하게 씻어 주세요.
② 냄비에 참기름 1T를 넣고 닭을 살짝 볶아 잡내를 잡습니다.
③ 설탕 1T, 고춧가루 2T, 다진 마늘 1T, 양조간장(또는 진간장) 3T, 참치액 2T, 미림 2T, 고추장 2T, 후추 톡톡, 물 400ml를 넣고 양념장을 만듭니다.
④ 양념장과 먹기 좋게 썬 감자 2개, 당근 반 개를 넣고 뚜껑을 닫아 중불에서 뭉근하게 20분 끓여 주세요.
⑤ 뒤이어 양파 반 개, 청양고추, 대파를 넣고 5분 더 끓이다 물엿 1T를 넣어 마무리합니다.

5



# 단호박

호박은 가을이 제철일 것 같지만, 미니 단호박은 7월에 수확해요. 껍질에 페놀산이라는 강력한 항산화 물질이 들어 있으니 유기농으로 구매해서 껍질까지 드시는 걸 권장합니다.

미니 단호박은 숙성 정도에 따라 맛이 달라져요. 첫 수확 때는 퍽퍽한 밤 맛이 나고, 숙성할수록 단맛이 올라와 식감이 부드러워집니다. 숙성할 때는 통풍이 잘되는 그늘진 상온에서 숙성하세요. 더 이상 숙성하고 싶지 않다면 냉장고에 보관하면 됩니다. 한 달 이상 지나면 상할 수 있으니, 그 전에 쪄서 냉동 보관하는 것이 좋습니다.

# 26



## 살구

복숭아, 자두와 함께 여름을 대표하는 과즙 가득한 과일, 살구. 주홍빛 색이 너무 예쁜 과일이에요. 살구에는 베타카로틴 성분이 풍부해서 콜레스테롤을 낮추고 혈관 건강에 도움이 됩니다. 그냥 먹어도 상큼하고 맛있지만, 샐러드에 함께 넣어도 참 예뻐요. 꼭 부끄러워서 얼굴이 붉어진 듯한 주홍빛에 마음이 설렙니다. 살구 중에서도 요즘 떠오르는 품종은 캐나다 품종을 국내에 들여온 '하코트 살구'예요. 크기가 크고 당도가 월등히 좋답니다. 제철 살구로 상큼함을 채워 보세요.

# 4



## 보리

쌀, 밀 등 대부분의 곡식은 가을에 추수를 해요. 하지만 보리는 여름에 수확한답니다. 보리 중에서도 찰보리는 찰기가 있어 쫀득한 맛이 좋고, 늘보리는 톡톡 씹히는 식감이 좋아요. 보리는 혈당 관리에도 좋아 건강 생각하시는 분들이 많이 찾습니다. 제철에 맞게 햇보리를 넣고 밥 지어 보세요. 보리밥을 지을 때는 물 양을 넉넉히 넣으면 잘됩니다. 리조또를 만들 때도 보리를 넣으면 한 알 한 알 씹히는 식감이 매력적이에요.

# 체리

체리를 외국 과일로만 알고 계신가요? 요즘에는 국산 체리가 종종 눈에 띕니다. 수입산은 검붉은색을 띠지만 국내산은 색이 옅어요. 크기도 더 작고요. 수입산을 먹다 국내산을 먹으면 향과 맛이 진하지 않고 맹맹하다는 생각이 들 수 있지만, 더 다양한 품종을 즐길 수 있다는 장점이 있어요. 수입산 과일은 보존제나 방부제 걱정에서 벗어날 수 없기 때문에 건강을 생각한다면 국내산 과일을 드시는 게 좋답니다.

3



# 열무 비빔밥

비빔밥은 고추장만 넣고 비벼도 맛있지만, 이렇게 먹으면 진짜 양푼으로 먹게 돼요. 양념장과 재료를 넣고 섞기만 하면 끝이니 만들기도 간편합니다. 더운 여름, 열무 비빔밥으로 기운 챙겨 보세요.

레시피

① 고추장 3t, 고춧가루 1t, 간장 0.5t, 매실청 0.5t, 다진 마늘 1t와 깨를 듬뿍 넣어 양념장을 만듭니다.

② 보리밥에 집에 있는 자투리 야채를 먹기 좋게 채 썰어 넣고, 제철 열무 김치를 듬뿍 올려 주세요.

③ 양념장 넣어서 비벼 드세요.

# 28



## 만생 양파

양파는 크게 조생 양파와 만생 양파로 나뉩니다. 조생 양파는 4월경부터 수확하여 수분이 많고 아삭아삭해요. 맵지 않고 달달하여 생으로 먹기 좋은 양파입니다. 보관이 길지 않아 그때그때 사서 드시는 게 좋아요. 만생 양파는 6월경 수확합니다. 단단해서 요리용으로 쓰기 좋고 저장성이 좋아 오래 두고 드실 수 있어요. 유기농 양파를 구매하시면 양파 껍질 버리지 마시고 꼭 차로 끓여 드세요. 혈관 건강에 도움이 됩니다.

# 열무

7월 열무는 달고 아삭해서 참 맛있어요. 이 시기에는 김밥에 열무를 데쳐 넣어도 맛있답니다. 아삭한 식감이 굉장히 매력 있어요. 여름은 시금치 맛이 떨어지는 시기라, 김밥에 들어가는 재료를 제철에 맞는 맛있는 채소로 대체해 넣으면 좋아요. 열무는 김치로도 많이 먹죠. 열무 비빔밥, 열무 국수를 먹으면 땀 흘려 지친 날 몸과 마음이 모두 시원해져요. 열무를 고를 때는 키가 작고 뿌리가 여린 어린 열무를 고르세요. 너무 많이 자란 열무는 식감이 질기답니다.

# 29



## 토마토 계란 또띠아

아침 식사를 챙겨 드시는 편인가요? 저는 씻고 나가기 바빠 거의 못 챙겨요. 일하러 가는 길에 커피 한 잔으로 대체하죠. 그러다 보니 속이 쓰려 요즘은 뭐라도 챙겨 먹으려고 노력해요. 건강하면서 간단한 아침 식사, 프라이팬 하나로 만들어 보세요.

(레시피)

① 올리브오일을 두르고 프라이팬에 채 썬 양파 반 개를 볶습니다. 양파가 노릇하게 익으면 토마토 슬라이스(1개 분량)도 함께 익힙니다.

② 계란 2개에 소금을 넣고 잘 섞은 뒤 팬에 부어 주세요. 계란이 반 정도 익어 갈 때 또띠아를 올려 덮습니다.

③ 계란이 다 익었다 싶을 때 전 뒤집듯 뒤집어 주세요. 여기에 치즈를 올리고 뚜껑을 닫아 익힙니다.

④ 그릇에 담아 발사믹 크림, 루꼴라를 얹으면 간단하고 든든한 아침 식사 완성입니다.

# 1

## 새콤달콤한 맛의 계절

드디어 7월입니다. 사계절 중 여름을 제일 사랑하는 저는 날이 더워지면 밖으로 뛰쳐나가고 싶어요. 겨울은 세상이 회색빛으로 변한다면, 여름은 초록빛으로 반짝이는 느낌이랄까요. 집에서 새콤달콤 김치 비빔국수 한 그릇 먹고 선풍기 앞에 앉아 있으면 아무것도 하지 않아도 행복하고요. 친구들 만나 땀을 삐질삐질 흘리다가도 시원한 팥빙수 한 그릇이면 입가에 웃음이 새어 나와요. 도시의 열기가 가시지 않는 밤, 루프탑에서 먹는 와인 한 잔은 이 계절만의 행복입니다. 7월, 어떤 행복을 더 채워 볼까요?

# 감자 샐러드

해외 유튜브에서 유명했던 삶은 계란 마요네즈 레시피로 만든 감자 샐러드입니다. 일반 마요네즈보다 식용유가 훨씬 적게 들어가고, 생란이 아니기 때문에 균 걱정도 덜 수 있어요.

레시피

① 삶은 계란 3개, 물 70ml, 올리브오일 50ml, 식초 1t, 소금 0.3t를 넣고 믹서에 갈아 삶은 계란 마요네즈를 만듭니다.
② 감자 3개를 먹기 좋은 크기로 썰어서 전자레인지 용기에 담고, 뚜껑 닫아 전자레인지에 6분 정도 익혀 줍니다.
③ 베이컨 50g, 양파 반 개를 채 썰어서 볶아 주세요.
④ 감자, 베이컨, 양파 모두 식힙니다. 식은 재료를 볼에 넣고 삶은 계란 마요네즈 3T, 홀그레인 머스터드 1T, 설탕 1T를 넣어 버무려 주세요.

7월